Britta Schöffmann

Jedes Pferd ist anders

Typgerecht reiten, individuell ausbilden

KOSMOS

EINE FRAGE DES TYPS

CHARAKTER-TYPEN

EXTERIEUR-TYPEN

GESCHLECHTER-TYPEN

RASSEZUGEHÖRIGKEIT

SERVICE

PFERDE SIND INDIVIDUEN

Pferde typgerecht reiten, individuell ausbilden – ein Thema, das mich schon lange beschäftigt und mit dem ich täglich konfrontiert werde. Im Laufe der Jahre (ups, es sind wohl schon eher Jahrzehnte) habe ich die interessantesten vierbeinigen Pferde-Typen kennengelernt. Sie alle unterschieden und unterscheiden sich voneinander, waren und sind Individuen wie du und ich. Auch unter dem Sattel. Das eine Pferd ist groß und kräftig, das andere klein und zart, manche gelassen oder sogar phlegmatisch, andere sensibel oder hektisch und nervös, einige ziemlich gewieft, andere von etwas langsamerer Auffassungsgabe. Unterscheidungen eben, wie es sie ganz grundsätzlich zwischen den einzelnen Pferdetypen gibt. Hinzu kommen rasse- und geschlechtstypische Eigenheiten – ein Friese hat andere Vorzüge und Schwächen als ein Haflinger, eine Stute reagiert anders als ein Hengst oder Wallach. Im täglichen Umgang und in der täglichen Arbeit muss dem Rechnung getragen werden. Ein wirklich guter und gefühlvoller Reiter kann sich auf beinahe alle Typen einstellen, ein weniger erfahrener Reiter sollte zumindest erkennen, zu welchem Typ der eigene Vierbeiner gehört und sich beim Reiten entsprechend verhalten. Das verbindende Element in der Arbeit unter dem Sattel ist dabei, egal ob man Dressur, Springen, Vielseitigkeit oder

Auch wenn sich Courbière (oben) und La Picolina (rechts) sehr ähnlich sehen – vom Wesen her sind sie wie Feuer und Wasser und auch völlig unterschiedlich zu reiten.

auch „nur“ freizeitlich reitet, immer die Skala der Ausbildung. Sie stellt kein starres Korsett (wie von manchen Kritikern in Unwissenheit manchmal bemängelt) dar, sondern einen roten Faden, der – fein verwebt und entsprechend individuell interpretiert – jedes Pferd und jeden Pferdetyp zur optimalen Entfaltung seiner Möglichkeiten bringen kann.

Dieses Buch soll und kann keine Reit-Rezepte und keine Gebrauchsanweisung für alle Pferde liefern. Dazu ist die Reiterei viel zu komplex – ebenso wie es die Charaktere und Eigenheiten der Pferde und auch der Reiter sind. Dieses Buch will vielmehr all jenen einen praxisnahen Leitfaden an die Hand geben, die auf der Basis der klassischen Prinzipien ihre Pferde – die normalen und die hochbegabten, die Freizeitpartner und die Turniertalente – besser und individueller entsprechend ihres Typs und ihrer Besonderheiten reiten möchten. Und es soll vor allem die Turnierreiter und Halbprofis daran erinnern, dass man bei der Ausbildung niemals alle Pferde nach einem gleichen „Schema F“ arbeiten oder in einen vorgegebenen Rahmen pressen kann.

BRITTA SCHÖFFMANN

PROMINENTE VOR-WÖRTER

„Es ist immens wichtig, auf die Individualität eines Pferdes einzugehen. Dazu muss man das beherrschen, was ich als ‚Horselanguage' bezeichne, die Sprache der Pferde. Sie zu erlernen erfordert allerdings Jahre. Das Schlimmste, was man als Reiter falsch machen kann, ist, die Persönlichkeit eines Pferdes nicht herauszufinden und nicht zu akzeptieren. Wer Pferde pauschalisiert und sie über einen Kamm schert, läuft Gefahr, sie zu brechen und ihnen ihren Glanz zu nehmen. Die Individualität eines Pferdes muss für jeden Reiter, jeden Ausbilder erste Priorität haben."

KLAUS BALKENHOL

Olympiasieger, Weltmeister, Europameister, Deutscher Meister; Weltklasse-Trainer, US-Coach

„Kein Pferd gleicht dem anderen. Man muss sich über jedes Pferd Gedanken machen, über seinen Charakter, seine Anatomie, seine Eigenarten. Für jedes Pferd gibt es einen Schlüssel und den gilt es zu finden. Deshalb gibt es keine Schablone und keinen Stil, die man auf ein Pferd übertragen kann. Ein Pferd muss individuell betrachtet und behandelt werden. Dies ist aber nicht in einem halben Jahr getan, das muss sich auch entwickeln. Als Reiter muss ich mir die dynamische Entwicklung eines Pferdes bewusst machen und diese mitentwickeln und mich ihr anpassen."

ISABELL WERTH

Mehrfache Olympiasiegerin, Weltmeisterin, Europameisterin, Deutsche Meisterin und Weltcup-Siegerin

„Jeder Reiter hat seine eigene Handschrift, also eine individuelle Idee, wie er sein Pferd arbeiten möchte. Aber auf der Basis dieser eigenen Handschrift muss man in der Lage sein, sich auf jedes einzelne Pferd gesondert einzustellen."

NADINE CAPELLMANN
Olympiasiegerin, Weltmeisterin, Europameisterin, Deutsche Meisterin

„Das Sicheinstellen auf ein Pferd ist die Voraussetzung für den reiterlichen Erfolg. Jedes Pferd ist anders. Es sind Individuen, und deshalb ist auch das Reiten bei jedem Pferd ein wenig anders, auch wenn wir uns dabei an unsere Grundsätze der klassischen Ausbildung gemäß der Ausbildungsskala halten. Der Respekt für die Kreatur Pferd äußert sich für mich sowohl in artgerechter Haltung als auch in gesundheitsfördernder, individueller Ausbildung."

MONICA THEODORESCU
Olympiasiegerin, Weltmeisterin, Europameisterin, Deutsche Meisterin

„Die Prinzipien und Konzepte der Dressurausbildung sind gleich. Aber man muss als Reiter in der Lage sein, sich anzupassen. Jedes Pferd hat andere athletische Fähigkeiten und eine andere Persönlichkeit. Auf dies gilt es einzugehen."

GEORGE WILLIAMS
US-Teammitglied, Grand Prix-Reiter und -Ausbilder, Vizepräsident des US-Dressurreiterverbandes

„Ein Pferd kann sich nicht auf den Reiter einstellen, dies zu tun ist Sache des Reiters. Jedes Pferd ist nun einmal verschieden und man kann nicht gegen sein Wesen arbeiten. Der Reiter muss – bei allem eigenen Reitstil – in der Lage sein, sich auf ein Pferd und seine Eigenheiten einzustellen, um Harmonie zu erreichen."

KARIN REHBEIN

Weltmeisterin, internationale Dressurausbilderin

„Jeder Reiter muss versuchen, eine Richtlinie zu haben, einen roten Faden, nach dem er arbeitet. Innerhalb dieser Richtlinie ist es aber wichtig, individuell auf jedes Pferd, seine Körperkonstruktion und seinen Charakter einzugehen. So muss man manche Pferde eben etwas tiefer einstellen, andere höher und mit wieder anderen ist vermehrte Arbeit vom Boden aus der Schlüssel zum Erfolg. Ein Reitstall ist nun einmal keine Fabrik, in der alles nach dem selben Schema abläuft."

JAN BRINK

Schwedischer Team-Reiter, Olympionike, Vize-Europameister

„Man muss als Reiter ein Schema haben, einen roten Faden, an dem man sich orientiert. Für mich ist das die Ausbildungsskala, die einem alles an die Hand gibt, was man für die Förderung eines Pferdes braucht. Im Grunde arbeite ich alle Pferde danach, allerdings – entsprechend ihres Charakters und ihrer Anatomie – in Nuancen und in der Gewichtung immer ein wenig anders."

HUBERTUS SCHMIDT

Olympiasieger, Weltmeister, Europameister, Deutscher Meister

„Als Reiter ist man auf die Mitarbeit seines Pferdes angewiesen. Deshalb muss der Reiter auch die psychologische und körperliche Entwicklung eines Pferdes erkennen und zulassen. Er muss sein Pferd und dessen innere Werte kennen, muss es studieren und herausfinden, was er erwarten und wie weit er gehen kann, ohne das Pferd zu überfordern. Wer dies außer Acht lässt, läuft Gefahr, Rückschläge zu erleben. Dabei darf man auch nie vergessen, dass die Natur gewisse Grenzen vorgibt. Man kann nicht jedes Pferd zum absoluten Optimum bringen, wohl aber jedes Pferd im Rahmen seiner Grenzen optimieren. Dabei gewinnt für mich ein gutes Interieur eines Pferdes immer gegenüber einem guten Exterieur."

JEAN BEMELMANS

Reitmeister, Honorartrainer am DOKR, internationaler Grand Prix-Ausbilder, Coach der spanischen Dressur-Equipe

„Der Fehler, den viele Reiter machen, ist, im Turnierport das Nonplusultra zu sehen. Ich gebe zu, auch ich habe turniersportlichen Ehrgeiz. Trotzdem ist für mich die Zufriedenheit zwischen Reiter und Pferd das viel wichtigere Ziel. Und diese Zufriedenheit lässt sich nur erreichen, wenn sich Pferd und Reiter kennen, vertrauen und aufeinander einlassen."

GÜNTHER FRÖHLICH

„Friesenpapst", Fahrsport-Experte

EINE FRAGE DES TYPS

TYPBESTIMMUNG

Vielleicht besitzt nicht jeder Pferdehalter das beste, aber vermutlich das schönste Pferd – zumindest aus seiner rein subjektiven Sicht. Mops, Muckl oder Maus sind sensibel, intelligent, nachtragend oder einfach nur charmant. Selbst Pferde mit anatomischen oder charakterlichen Mängeln erhalten verklärende Beschreibungen wie „wunderschön", „unglaublich talentiert", „sehr empfindsam", „einfach süß" oder „traumhaft". Schon hier offenbaren sich die Unterschiede, die jedes Pferd im Auge des Betrachters einzigartig machen. Diese Einzigartigkeit ist aber nicht nur die persönliche Einschätzung des Pferdehalters, sie liegt tatsächlich vor. Auch Pferde sind nun mal Individuen, die sich unterscheiden durch ihren Charakter, ihren Körperbau, ihr Geschlecht, ihre Abstammung und ihre Rasse. Jeder, der bereits mehrere Pferde besessen oder auch nur über längere Zeit geritten hat, weiß davon ein Lied zu singen. War das erste Pferd vielleicht problemlos zu handeln und nahm selten etwas übel, hat das zweite Pferd seinen Besitzer/Reiter eventuell mit Dickköpfigkeit zur Verzweiflung gebracht. Und Pferd Nummer drei war mit den beiden anderen überhaupt nicht zu vergleichen, war trotz oder gerade wegen seines sensiblen Wesens folgsam und vertrauensvoll. Eben ganz anders. Derartige Beobachtungen sind der erste Schritt auf dem Weg zur Erkenntnis, dass kein Pferd wie das andere ist. Wer solche Unterschiede bemerkt, wird sich auch beim Umgang mit den Pferden darauf einstellen und täglich etwas hinzulernen.

Beide Pferde sehen etwas – der Blick des oberen ist angespannt und erregt, der des unteren entspannt-interessiert.

INTERIEUR – WORAN ERKENNE ICH MEIN PFERD?

Der unterschiedliche Charakter lässt sich – natürlich mit Einschränkungen – oft schon an Gesichts- und Augenausdruck sowie an der Körperhaltung der Pferde ausmachen.

- Weit aufgerissene Augen weisen oft auf den Wesenszug Ängstlichkeit oder Nervosität hin, das Ohrenspiel ist meist unruhig, die Nüstern etwas gebläht. Solche Pferde nehmen sowohl an der

Drei auf den ersten Blick eher ruhig scheinende Vertreter ihrer Art

Hand als auch unter dem Reiter oftmals den Kopf hoch, um sich einen Überblick über die schnellste Fluchtmöglichkeit zu verschaffen. Mit Überreaktionen rechnen!

- Halb geschlossene, etwas verschlafen wirkende Augen deuten auf einen eher ruhigen Charakter hin. In Verbindung mit einer mehr nachlässigen Körperhaltung, entspannt hängenden Ohren sowie einem vielleicht sogar schlurfenden Gang kann es sich hier auch um ein phlegmatisches oder zumindest sehr nervenstarkes Pferd handeln. Phlegma wird dabei oft mit Sturheit verwechselt.
- Große Augen gepaart mit häufig nach vorn gerichteten Ohren, einem sich oft nach vorn reckenden Hals und entspannten Lippen lassen auf Neugier und Verspieltheit schließen, während
- normal geweitete Augen verbunden mit einem aufmerksamen Ohrenspiel und einem im Stand häufig ruhenden Bein darauf schließen lassen, dass sich das Pferd zwar für alles interessiert, jedoch gelasssen ist und in sich selbst ruht.
- Weniger an den Augen, dafür aber an Ohrenspiel sowie Lippenhaltung lässt sich der eher ablehnende, skeptische Pferdetyp erkennen. Die Ohren sind hier häufig nach rückwärts gelegt, die Lippen zusammengepresst, die Nase gerümpft. Solche Pferde wollen im allgemeinen von allem Neuen erst einmal überzeugt werden, bevor sie sich zur Mitarbeit entschließen.

Diese rein optische Typ-Bestimmung kann natürlich nur eine ganz grobe Einteilung darstellen, dazwischen gibt es noch jede Menge Nuancen. Außerdem sind zwischen den verschiedenen Charakteren Verbindungen oder Überschneidungen möglich. So kann ein Pferd zugleich ängstlich und verspielt sein oder aber neugierig und skeptisch. Der eine Charakterzug muss den anderen nicht zwingend ausschließen. Hinzu kommen weitere Umstände, die das Wesen und die psychischen Eigenschaften (Interieur) eines Pferdes prägen und darüber mitentscheiden können, ob Mensch und Pferd miteinander auskommen oder nicht – und ob sie beim Reiten beide Spaß haben.

EXTERIEUR – WAS MIR DAS GEBÄUDE SAGT

Neben den reinen Charaktereigenschaften der Pferde ist auch ihr Gebäude eine ganz wichtige Grundlage für ein harmonisches Miteinander zwischen Pferd und Reiter. Solange nämlich ein Pferd nur auf der Wiese sein Dasein fristet, ist es ziemlich egal, ob sein Rücken zu lang, seine Hintergliedmaßen wenig gewinkelt oder sein Hals etwas zu kurz geraten ist. Soll derselbe Vierbeiner aber nun Reitpferd sein, ist sein Gebäude, sein Exterieur plötzlich wichtig. Der vermeintlich „sture Bock“, der sich unter seinem Reiter vielleicht schwer tut und ungern mitarbeitet, kann womöglich die gewünschte Leistung gar nicht bringen, weil ihm die körperlichen Voraussetzungen dafür (noch) fehlen. So kann ein Pferd mit einer kurzen, steilen Schulter nun einmal nicht mit seinen Vorderbeinen weit heraustreten. Pferde mit einem tief angesetzten Hals müssen anders gearbeitet werden als solche, deren Halslinie schon von Natur aus dem Optimum nahekommt. Und ein Pferd mit einem extrem langen Rücken wird sich sehr schwer damit tun, sich in der Versammlung entsprechend zu verkürzen und mit der Hinterhand zu setzen – genauso, wie ein Pferd mit geschliffenen Gelenken, wenig Fundament und einer kurzen, mickerigen Kruppe nicht unbedingt für den Springsport geeignet ist. Besonders groß geratene junge Pferde, die lange und vor allem ungleich wachsen, haben ebenfalls oft Schwierigkeiten, ihren Körper, der sich beinahe täglich verändert, unter dem Reiter in der

Auch herausragende Gebäude-Merkmale – in diesem Fall ein etwas tief angesetzter Hals, eine eher kurze Kruppe bei ausgeprägter Bauchigkeit – können Ursache für eventuell auftretende Ausbildungs-Schwächen sein.

Balance zu behalten. Auch hiermit weiß der erfahrene und geduldige Reiter umzugehen, der unerfahrene oder ungeduldige Reiter stellt sich womöglich die Frage, warum sich das „blöde Vieh" plötzlich so störrisch anstellt, obwohl es doch vergangene Woche so schön mitgearbeitet hat.

Unterschiede bezüglich Talent, Verwendungszweck, Rittigkeit und Lernfähigkeit liegen folglich nicht nur im Wesen des Pferdes, also in seinem Interieur, begründet, sondern auch in seiner Anatomie, seinem Exterieur. Es nützt dem lernwilligsten Pferd nicht viel, wenn es sein Körperbau einfach nicht hergibt ein Star zu werden. Oder wenn sein Körper während des Wachstums dauernden Veränderungen unterliegt. Umgekehrt macht auch der beste Reiter aus einem optimal gebauten Pferd keinen Olympiasieger, wenn es erhebliche Charaktermängel hat. Manchmal schafft es sogar der körperlich nicht ganz so Perfekte, dafür aber charakterlich Ausgeglichene eher zu Höchstleistungen als der charakterlich Schwierige. Besser und einfacher ist es natürlich, wenn Körperbau und Charakter stimmen.

RASSEUNTERSCHIEDE

Körperbau und Charakter sind zwei Faktoren, die zum einen jedes Pferd vom anderen unterscheiden, darüber hinaus aber auch einer rassetypischen Zugehörigkeit unterliegen. Ein Hannoveraner oder Westfale zum Beispiel verfügt über andere Dispositionen und ein anderes Aussehen als ein Friese, ein Andalusier oder Haflinger. Natürlich sind ihre „pferdigen" Eigenschaften die gleichen. Sie alle sind Herden- und Fluchttiere, sie alle brauchen Raufutter und bei entsprechender Arbeit Kraftfutter – und sie alle lieben hin und wieder ein Leckerchen. Trotzdem gibt es rassetypische Unterschiede, die Auswirkungen auf ihre Verwendung als Reit- und vor allem als Dressurpferd haben und die nicht unter den Teppich gekehrt werden sollten. Die unterschiedlichen Pferderassen haben unterschiedliche Stärken und Schwächen – ein Umstand, der bei der Auswahl des richtigen Pferdes bedacht werden sollte. Das bei uns und in unseren Nachbarländern heute bekannte Warmblut wurde seit Generationen auf Sporttauglichkeit gezüchtet, wobei die Gewichtung je nach

Lange Beine, schwungvolle Bewegungen, eleganter Körperbau – dieser Warmblutstute wurde die Dressureignung bereits per Zuchtziel in die Wiege gelegt.

P.R.E.-Hengst mit Sportpferdeausbildung

Zuchtgebiet variieren kann. So hat man zum Beispiel die Holsteiner eher in Richtung Springsport selektiert, die Trakehner in den letzten Jahren eher Richtung Dressur, wobei es natürlich auch immer Ausnahmen von der Regel gibt. Die in den letzten Jahren so beliebt gewordenen Friesen wurden dagegen früher in erster Linie als prächtige Kutsch- und Paradepferde gezüchtet, die mit von Natur aus hoch aufgerichtetem Hals, üppigem Behang, inzwischen vorgeschriebener nachtschwarzer Färbung und kniebetonter Aktion allein schon durch ihre Optik wirkten. Heute dagegen versuchen viele Friesenfreunde, sie auch im Dressursport einzusetzen. Ein mitunter schwieriges Unterfangen, denn der typische Körperbau des Friesenpferdes macht das Dressurreiten nicht immer ganz einfach. Der extrem hoch aufgerichtete, stark bemuskelte Hals muss nämlich für eine turniersportliche Dressur wieder in die Tiefe gearbeitet und somit die Tragfähigkeit des Rückens – genauso wie bei jedem anderen Reitpferd – hergestellt und verbessert werden. Dies ist beim Friesen sogar noch wichtiger, denn der Rücken ist gerade bei dieser Rasse typischerweise zwar breit, aber oft auch ein wenig nach unten geneigt, eine Haltung, die durch den extremen Hals noch unterstützt wird.

Der hohe Hals der Friesen wird dagegen von manchen Reitern mit Aufrichtung verwechselt. Ein Pferd jedoch, das in dieser absoluten Aufrichtung bei hängendem Rücken geritten wird, entwickelt im Laufe der Zeit gravierende reiterliche und gesundheitliche Probleme. Die auf Reitplätzen und bei Turnieren oft beobachteten „engen Hälse“ und „hinten herausarbeitenden Hinterbeine“ werden deshalb den Friesen gerne ganz allgemein zugeschrieben – dabei muss es nicht zwangsläufig zu diesen Problemen kommen. Wurde bei der Ausbildung eines Friesen entsprechend vermehrt auf einen arbeitenden Rücken und einen sich nach vorwärts-abwärts dehnenden Hals Wert gelegt, werden Friesen – so wie andere Pferde auch – nur noch durch ihren Charakter, ihre Gänge und ihr Talent limitiert. Ein Friese, der mitarbeitet, sich gut bewegen kann und korrekt ausgebildet ist, muss einem auf Sport gezüchteten Warmblüter nicht unbedingt nachstehen. Lediglich die Karriere als Spring- oder gar Vielseitigkeitspferd wird den meisten Friesen verwehrt bleiben.

Ähnliches gilt für andere barocke Rassen, wie die Andalusier und die Lusitanos. Während letztere einen etwas leichteren, dem warmblüti-

Bei richtiger Förderung können entsprechend talentierte Friesen im Dressurviereck gute Leistungen bringen.

gen Sportpferd eher ähnelnden Körperbau haben, sind die Andalusier, die Pura Raza Espanola (P.R.E), etwas barocker. Mit ihrem kräftigen, hoch aufgesetzten Hals, ihrem kurzen Rücken bei schräger Schulter müssen sie ein wenig anders gearbeitet werden, als Pferde mit längeren Körperlinien.

Beliebt wegen ihres freundlichen Wesens sind im Basis-Turniersport auch die blonden Haflinger. Zwar wurden sie in den vergangenen Jahrzehnten sportgerecht etwas „leichter" gezüchtet sprich veredelt, doch liegen ihre Stärken nach wie vor in ihrer Trittsicherheit und Unkompliziertheit und nicht unbedingt im gehobenen Dressur- oder Springsport. Trotzdem können sie, bei entsprechend klassischer Arbeit, in ihren Grenzen gefördert und für verschiedene Disziplinen tauglich gemacht werden.

Die Liste der unterschiedlichen Pferderassen ließe sich hier beinahe beliebig verlängern, was allerdings den Rahmen dieses Buches

Ein bisschen Springgymnastik oder kleine E-Springen (bei entsprechendem Vermögen) bieten Abwechslung.

Haflinger sind wegen ihres Wesens und ihrer Trittsicherheit als Freizeitpferde beliebt.

sprengen würde. Außerdem geht es hier nicht um reiterliche Gebrauchsanweisungen für spezielle Pferderassen – ein sowieso untauglicher Versuch –, sondern um das Wissen um verschiedene in den Reitställen des Landes beliebte Rassen, ihre Gebäudemerkmale und daraus möglicherweise resultierende Stärken und Schwächen unter dem Reiter sowie um ihre rassetypischen Wesensmerkmale. So wird dem modernen Sportpferd heute oft ein etwas schwieriger weil hochsensibler Charakter zugeschrieben, dem Friesen ein sehr menschenfreundlicher, dem Vollblüter ein „heißer" und den iberischen Rassen ein sehr unkomplizierter.

Allgemeingültige Aussagen über Pferderassen, ihre angeborene Reitqualität und ihr Wesen zu treffen, ist in meinen Augen allerdings unseriös. „Den Friesen", „den Andalusier", „den Vollblüter" oder „den Warmblüter" als alleinige Typeneinteilung gibt es nicht. Auch innerhalb einer Rasse gibt es solche und solche, kommen optimal gebaute und verbaute Vertreter vor, Lernwilllige und Arbeitsverweigerer, Schlaue und Dumme, Souveräne und Nervöse, Machos und Ziegen. Diese letzten zwei „Typen" repräsentieren, wie kann es anders sein, ein weiteres großes Kriterium bei der Unterscheidung der unterschiedlichen Typen: das Geschlecht.

MÄNNLEIN-WEIBLEIN-WALLACH – WORAUF MUSS DER REITER ACHTEN?

Bei der Einschätzung und Bewertung eines Pferdes auf seine Reittauglichkeit nimmt die Frage nach dem Geschlecht des Pferdes eine zentrale Rolle ein. Stute und Hengst unterscheiden sich – so wie im „richtigen Leben" – ganz gehörig voneinander. Das gilt für den täglichen Umgang und auch für die Arbeit unter dem Sattel. Während viele Stuten schnell mal zickig reagieren, während der Rosse extrem „stutig" sein können und insgesamt oft empfindlicher und nachtragender sind, neigen viele Hengste dazu, das Alpha-Tier herauszukehren. Sie wollen der Boss sein, im Stall, auf der Weide und unterm Sattel. Das gilt nicht für alle Vertreter ihres Geschlechts, kommt aber doch sehr häufig vor. Die Hormone sind schuld, ein Umstand, der Wallachen naturgemäß weniger zu schaffen macht, verfügen sie doch über eine deutlich eingeschränktere Hormonproduktion im Verleich zu Hengsten und neigen deshalb auch nicht zu solchen Hormonschwankungen wie Stuten. Die geschlechtsspezifischen

Warmblutwallach im modernen Sportpferdetyp stehend

Schon in jungen Jahren unterscheiden sich Hengste...

Problematiken fallen bei ihnen also größtenteils weg. Die meisten Wallache verzeihen ein reiterliches Missverständnis schon mal eher und nutzen auch im allgemeinen nicht gleich jede Schwäche ihrer Menschen aus. Stuten und Hengste sind da anders.

Wer sein Pferd kennt, wird meist schon am Gesichtsausdruck erkennen, wie Dame oder Herr heute gestimmt sind. Eine Stute zeigt ihre schlechte Laune beim Satteln meist durch Ohrenanlegen, Naserümpfen, Schweifschlagen und vielleicht sogar Schnappen. Ein Hengst verrät Macho-Stimmung durch Imponiergehabe, Herumtänzeln, Wiehern, halb spielerisches Schnappen oder gar Ausfahren.

Wer sich mit einer Stute schon am Boden streitet, statt souverän über ihre Launen hinwegzusehen, wird auch beim Reiten nicht viel Freude haben. Und hier ist dann Vorsicht angesagt: Eine Stute nimmt schnell übel, aber sie verzeiht nicht schnell. Deshalb ist es besonders wichtig, sie als Reiter immer auf seiner Seite zu haben. Zeichen, dass eine Stute „über die Uhr" geritten wurde, sind: verstärktes Schweifschlagen, häufiges nach dem Sporn schlagen, Urinieren unter dem Reiter.

...und Stuten optisch erheblich.

Auch Hengste müssen auf besondere Art und Weise „gehandelt“ und geritten werden. Je nach Ausprägung ihrer „Macho-Seite“ ist es wichtig, ihnen immer klar zu machen, wer der Chef im Ring ist. Schafft man dies nicht, kann es zu ernsthaften und auch gefährlichen Zwischenfällen kommen. Das Chef-Sein darf aber nicht übertrieben werden, die Auseinandersetzung nicht in offenen Kampf umschlagen. Verliert diesen Kampf einer der Beteiligten, hat sich die anfangs kleine Rangelei zu einem großen Problem ausgewachsen: Hat der Mensch verloren, wird er seinem Hengst nicht mehr trauen können, denn nun wird er von ihm nicht mehr ernst genommen. Hat der Hengst verloren, kann er für immer verdorben sein – gebrochen oder gefährlich.

Um dies zu vermeiden, muss man sich als Hengstbesitzer und -reiter darüber im Klaren sein, dass es immer mal wieder größere und kleinere Rangkämpfe zwischen Mensch und Pferd geben wird und muss, dass es aber am besten ist, diese ohne Sieger und ohne Verlierer durchzustehen. Ein sauberes Remis bringt hier langfristig den meisten Erfolg.

„ECHTE" TYPEN, „GEMACHTE" TYPEN, MISCHTYPEN

Bei der Überlegung, zu welchem Typ ein Pferd gehört, sollte nicht vergessen werden, dass manche dieser vermeintlichen Typen erst durch den Menschen dazu gemacht wurden. Dazu gehören vor allem die Typen „das faule Pferd", „das sture Pferd", das „widersätzliche Pferd" und recht häufig auch das „ängstliche Pferd". Bei korrektem und sensiblen Reiten hätten sich diese Ausprägungen vielleicht niemals entwickelt.

Während „echte" Typen eben von angeborenen Charaktereigenschaften, Geschlecht, Rassezugehörigkeit und Körperbau geprägt sind und nicht geändert werden können, sind „gemachte" Typen das Ergebnis reiterlicher oder menschlicher Unfähigkeit und im günstigsten Fall wieder zum Positiven hin umkehrbar.

Bei aller Frage nach der Typzugehörigkeit darf natürlich auch nicht vergessen werden, dass es keinen eindeutigen Typ gibt, also kein Pferd, das nur von einer Eigenschaft charakterisiert wird. Nicht nur im Vergleich zu anderen Pferden gibt es individuelle Unterschiede, auch ein einzelnes Pferd selbst ist ein äußerst komplexes Wesen, das von vielen Merkmalen geprägt ist. Merkmale eben, die es in ihrer Kombination so einzigartig machen, und die den Reiter immer wieder vor neue Herausforderungen stellen.

So kann ein Pferd – ein Wallach vielleicht – ein wenig zu groß geraten sein, ein ängstliches Wesen haben und trotzdem sensibel und leistungsbereit sein. Oder es ist eine optimal gebaute Schönheit, versehen aber mit einem hektischen Wesen, mangelndem Selbstbewusstsein und der Neigung zur Panik.

Den Typ kann es deshalb genauso wenig geben wie ***das*** Typ-Rezept nach dem Motto: Man nehme ein hektisches Pferd, einen ruhigen Reiter, eine Prise Reitlehre, zwei Löffel Ausbildungsskala, menge alle Zutaten gut durch und lasse sie ein paar Wochen ziehen. Und schon erhält man am Ende ein Dream-Team.

So einfach ist es eben nicht. Doch wenn's so wäre, wäre es vermutlich auch langweilig, oder? Die große Herausforderung liegt eben in der Individualität jedes einzelnen Pferdes und jedes einzelnen Reiters.

WELCHER TYP BIN ICH?

Jedes Pferd ist anders – jeder Reiter aber auch. Damit es zwischen beiden Individuen zu einer harmonischen Partnerschaft kommen kann, sollte der Reiter nicht nur den Typus seines Pferdes erkennen, sondern auch seinen eigenen. Ein nervöser Mensch sollte nicht unbedingt einen zur Nervosität neigenden „heißen Ofen“ reiten. Ein kleiner Reiter mit kurzen Beinen wird auf einem großen, breit gebauten Pferd nie einen tiefen Sitz erreichen. Ein Reiter, der über wenig Körpergefühl verfügt, wird mit einem hypersensiblen Pferd Probleme bekommen. Und wer Schwierigkeiten hat, sich Bewegungsabläufe von Übungen und Lektionen vor seinem inneren Auge vorstellen zu können, wird mit einem nicht bis wenig ausgebildeten Pferd vollkommen überfordert sein und nur Frust erleben. Neben den reinen reittechnischen Fertigkeiten sind es nämlich vor allem physische, psychische, strategische und soziale Fähigkeiten, die im Sattel gefragt sind und die immer in Wechselwirkung zueinander stehen. Nur wenn die eigenen Fertigkeiten und Fähigkeiten in einem gesunden Verhältnis zu denen des Pferdes stehen, kann ein Miteinander von Pferd und Reiter entstehen, wird aus dem Sportgerät Pferd der Sportpartner Pferd.

Größer dürfte das Pferd der eher kleinen Reiterin nicht sein.

REITERLICHE VORAUSSETZUNGEN

Die Zahl der Reitsportinteressierten ist in den vergangenen Jahrzehnten stetig angestiegen, ebenso die Zahl der Pferdebesitzer. Das ist auf der einen Seite sehr erfreulich, auf der anderen bringt es aber auch Probleme mit sich. Nicht jeder Reiter verfügt über das notwendige Rüstzeug, sein Pferd alleine sinnvoll zu reiten oder gar auszubilden. Vor allem jene, die sich, ausgestattet mit viel Begeisterung und nicht minder viel Unerfahrenheit, gleich ein eigenes, womöglich junges und damit ebenfalls unerfahrenes Pferd zulegen, geraten schnell an ihre Grenzen oder stehen früher oder später schier unlösbaren Problemen gegenüber. Doch selbst diejenigen, die sich vernünftigerweise ein bereits ausgebildetes Pferd kaufen, kommen allein meist nicht weiter oder bleiben an irgendeinem Punkt stecken. Ein Pferd ist nun einmal kein Auto, das sich – einmal getunt/ausgebildet – nicht mehr großartig verändert bzw. verschlechtert. Ausbildung und gutes Reiten, täglich oder zumindest in sinnvoller Regel-

Korrekte Ausbildung ist Voraussetzung für die Freude am Reiten.

UMGANG AM BODEN

Richtiges Reiten gemäß der Ausbildungsskala bezieht sich auf die individuelle Arbeit unter dem Reiter. Das heißt aber nicht, dass nicht auch typgerechte Arbeit außerhalb des Sattels geleistet werden muss. Je nach Pferdtyp sollte auch der Umgang mit dem Pferd vom Boden aus individuell variieren. Das „Handling" von nervösen Pferden gestaltet sich anders als das von gelassenen, das von „kernigen" anders als das von gemütlichen, das von Wallachen anders als das von Hengsten. Die einen Pferde benötigen mehr bewusste Bodenarbeit, den anderen kann der allgemeine tägliche Umgang mit dem Menschen genügen. Vertraut ein Pferd dem Menschen bereits auf dieser Ebene und nimmt es ihn dabei ernst, wirkt sich das auch positiv auf die Situation unter dem Reiter aus.

mäßigkeit, sind Voraussetzung für die Freude am Reiten. Dabei steht auf der einen Seite die Weiterbildung des Pferdes, auf der anderen, und das ist nicht minder wichtig, die des Reiters. Ein korrekter Sitz, saubere Hilfengebung und damit eine sichere Einwirkung lassen sich nur über Jahre erlernen und sollten auch später regelmäßig überprüft, korrigiert und aufgefrischt werden. Denn alles, was der Reiter tut, wirkt sich auf sein Pferd aus. Das Richtige genauso wie das Falsche.

Typgerechtes und individuelles Reiten stellt somit hohe Anforderungen an die Fähigkeiten eines Reiters und ist umso eher möglich, je mehr der Reiter kann. Und so mancher Pferdetyp – der „Faule", der „Sture", der „Ängstliche" – würde vermutlich auch gar nicht erst entstehen, wenn die Reiter sich mehr um ihre eigene Aus- und Weiterbildung und die ihrer Pferde kümmern würden.

Jedes Pferd (mit Ausnahme höchstens der Rennpferde) kann und sollte dabei dressurmäßig entsprechend der Skala ausgebildet werden, ganz gleich welcher Rasse oder Qualität es angehört. Lapidare Äußerungen wie „Da lohnt sich die Ausbildung nicht", sind, mit

1 Den Freilauf auf der Weide brauchen Pferde zur Abwechslung ebenso wie...

2 ...Cavaletti-Arbeit, Springgymnastik...

ABWECHSLUNG BIETEN

Ganz egal zu welchem Typ Ihr Pferd gehört: Abwechslung in der täglichen Arbeit ist immer notwendig. Den Faulen, Gemütlichen erhält sie so die Freude an der Arbeit, den Nervigen bietet sie die notwendige Entspannung. Statt Reiteinerlei Reitspaß – auch fürs Pferd. Konkret heißt das: Dressurarbeit, Gymnastikspringen, Longieren, Geländereiten und natürlich ergänzend Weidegang sind Voraussetzungen für ein glückliches Pferd.

Verlaub gesagt, Unfug. Ausbildung lohnt sich immer und ist auch eine Verpflichtung, da sie dem Wohle des Pferdes dient. Natürlich stellt sich die Frage, ob sich für einen, sagen wir auf S-Niveau erfolgreichen Reiter die Ausbildung eines minderbegabten Pferdes lohnt. Aus seiner Sicht sicher nicht, wohl aber aus Sicht des Pferdes. Denn es kann auf jeden Fall in seinen Grenzen gefördert werden und damit vielleicht einem weniger sportlich orientieren Reiter Freude bringen. Und auf der anderen Seite ist manches Pferd viel begabter als sein Reiter und bleibt trotzdem auf der Strecke, weil dieser es nicht erkennt, es nicht fördern lässt oder es – den Fehler immer beim Pferd, nie bei sich selbst suchend – gegen das nächste austauscht. Und gegen das nächste. Und das nächste...

3 ...und entspannte Ritte in der Natur.

DER ROTE FADEN AUSBILDUNGSSKALA

Takt, Losgelassenheit, Anlehung, Schwung, Geraderichtung und Versammlung – dies sind die sechs Stufen der Ausbildungsskala. Aus meiner Sicht ist es müßig, darüber zu fabulieren, ob sie für jedes Pferd sinnvoll ist. Und ob nun die Losgelassenheit vor dem Takt an erster Stelle stehen soll, wie dies immer mal wieder Kritiker der Ausbildungsskala vorschlagen. Oder aber ob Punkte wie Balance, Durchlässigkeit oder Harmonie zusätzlich explizit aufgenommen werden müssten.

Für mich ist die Skala der Ausbildung die einzige systematische Ausbildungs- und Trainingsmethode, die das Pferd letztlich selbst vorgibt. Dabei ist sie kein starres Gerüst, sondern ein in sich flexibles Konstrukt, das jedem Pferdetyp gerecht wird. Die einzelnen Punkte folgen aufeinander, greifen ineinander und sind miteinander verwrungen. Je nach Pferdetyp kann dabei der ein oder andere Punkt vielleicht ein wenig vor den anderen rutschen oder an Gewichtung gewinnen – in der Gesamtheit ändert sich damit aber nichts. Denn erst ein gemäß der Skala ausgebildetes Pferd wird unter dem Reiter

Ein ohne jegliche Zwangsmittel streng nach der Skala der Ausbildung gearbeitetes Pferd sollte sich – so wie La Picolina – mit Ausrüstung genauso reiten lassen wie ohne.

Balance entwickeln. Und es wird seinen Reiter schließlich mit Durchlässigkeit belohnen, Voraussetzung für die gewünschte Harmonie und Leichtigkeit zwischen Pferd und Reiter, ganz gleich ob im Dressurviereck, im Parcours oder im Gelände.

Je nach Pferdetyp kann es allerdings schon mal mehr, mal weniger Probleme bereiten, die einzelnen Skala-Punkte zur Entfaltung zu bringen. Bei einem optimalen Pferd unter einem optimalen Reiter und bei optimaler Ausbildung würden manche dieser Problem(chen) wohl gar nicht erst auftreten – aber wo gibt es schon das rundum Optimale? Im wirklichen Leben muss sich der Reiter mit den kleinen oder großen Unzulänglichkeiten seines Pferdes (und seinen eigenen) auseinandersetzen. Eine Entschuldigung für eine Abkehr von der bewährten Ausbildungsskala sollte dies aber niemals sein. Der Weg, die einzelnen Komponenten zu erreichen, kann jedoch, abhängig vom Pferdetyp, ein wenig variieren.

Die Kunst des Reitens und Ausbildens liegt zum Teil darin, diese Variationen passend zum Pferd zu einem individuellen Konzept zusammenzufügen.

Denn Durchlässigkeit , Harmonie und „Sitzen lassen“ hängen nicht von Zügeln und Sattelpauschen ab.

NADINE CAPELLMANN

„Mein speziellstes Pferd war sicher Farbenfroh. Er war vom Temperament her eigentlich gut, nicht zu heiß, nicht triebig. Aber er war enorm guckig. Dabei war es für den Reiter sehr schwierig, sich auf seine Guckerei einzustellen, denn mal hat er gescheut, mal nicht. Man wusste nie, was er wann sah. Es konnten schon mal Dinge in der Ferne sein, noch mehr aber am Boden. Farbenfroh war extrem bodenscheu. Sogar die auf großen Turnieren frisch gewalzten Mittellinien waren für ihn anfangs ein Problem. Mein damaliger Trainer Klaus Balkenhol hat deshalb auf dem heimischen Viereck Mittellinie um Mittellinie gewalzt, bis Farbenfroh sich von dieser für ihn seltsamen Sandkonstellation dann irgendwann nicht mehr aus der Fassung bringen ließ. Wir haben seinerzeit auch viel Bodenarbeit nach Tellington gemacht, um ihm die Scheu und Unsicherheit zu nehmen. Immer wieder haben wir mal hier Blumen aufgestellt, mal dort Decken über den Zaun gehängt oder Kunststoff-Folien auf den Boden gelegt, über die er gehen musste. Mit der Zeit fand Farbenfroh diese Arbeit richtig toll, es war wie ein großer Spielplatz für ihn. Wir haben sicher zwei, drei Jahre regelmäßig so mit ihm gearbeitet und auch unterm Sattel seine Umwelt immer wieder verändert. Wenn er irgendwo mit Guckigkeit reagierte, habe ich ihn mit Klopfen und Loben, aber auch mit vortreibenden Hilfen an dem „Hindernis“ vorbeigeritten.

Es ist ganz wichtig, dass man als Reiter in solchen Situationen keinen Zwang ausübt, aber auch, dass man sich durchsetzt. Farbenfroh musste den Gehorsam auf die Reiterhilfen lernen und dabei begriff er, dass die meisten Situationen, vor denen er scheuen wollte, eigentlich gar nicht so schlimm waren. Mein Hauptfokus lag deshalb auf der Grundgymnastizierung zur Verbesserung von Gehorsam und Durchlässigkeit. Mit der Zeit hatte er seine Guckigkeit fast ganz abgebaut und mit dem Rest konnte man als Reiter ganz gut umgehen. Überhaupt sollte man sich darüber im Klaren sein, dass man Guckigkeit gerade über verbesserte Durchlässigkeit meist gut in den Griff bekommen kann. Dazu muss der Reiter sein Pferd aber genau ken-

Nadine Capellmann und Farbenfroh fanden zu einem Dream-Team zusammen.

nen, muss wissen, was ihm Angst macht und es dann ruhig, entspannt aber konsequent führen. Dabei muss man darauf achten, dass das Pferd locker bleibt und sich nicht weiter verspannt. Ein Pferd muss wissen, dass es sich in kritischen Situationen auf seinen Reiter verlassen kann. Der größte Fehler wäre es, ein Pferd unter Druck zu setzen, denn dann beginnt ein Kreislauf, der immer schwieriger zu durchbrechen ist. Es ist aber auch falsch, Guckigkeit durchgehen zu lassen und gar nichts zu tun, denn dann kommt man irgendwann an den Punkt, wo man sich nur noch in einer kleinen Volte um X herum dreht. Das Geheimnis liegt darin, einen gesunden Mittelweg zu finden zwischen Vertrauen geben und sich in Ruhe durchsetzen.“

CHARAKTER-TYPEN

Isabell Werth und Satchmo

INDIVIDUELLE UNTERSCHIEDE

Kein Pferd gleicht dem anderen. Die individuellen Unterschiede liegen neben den äußerlichen Unterschieden (Körperbau, Rassezugehörigkeit, Geschlecht) vor allem in unterschiedlichen Wesenszügen. Die folgende Charakter-Übersicht erhebt keinen Anspruch auf Allgemeingültigkeit und Vollständigkeit, sondern kann nur ganz grob auf verschiedene Schwerpunkte eingehen. Aber vielleicht erkennt der ein oder andere doch seinen Vierbeiner wieder. Ähnlichkeiten mit lebenden (Pferde)-Persönlichkeiten sind beabsichtigt.

DAS HEKTISCHE PFERD

Man erkennt den Hektiker meist schon beim Satteln und Aufsitzen, wo er häufig durch Herumtänzeln und Unruhe auffällt. Dieser Pferdetyp zeichnet sich durch Nervosität und Unsicherheit aus, starkes und schnell einsetzendes Schwitzen bei der Arbeit zeigt innere Anspannung. Überreaktionen sowohl im allgemeinen Umgang als auch unter dem Reiter sind vorprogrammiert. Beim Reiten tun sich Hektiker naturgemäß mit den Punkten Takt, Losgelassenheit und Anlehnung schwer. Innere Unruhe stört eine gelassene Konzentration. Taktstörungen, Spannung, Kopfschlagen und damit verlangsamtes Lernen können die Folge sein und eine Weiterentwicklung sowie die Verbesserung der Punkte Schwung, Geraderichtung und Versammlung empfindlich stören.

Größte Fehler: In solchen Fällen mit Druck (harsche Hilfengebung, Schlaufzügel, Strafen), Ungeduld und Zeitdruck an die Probleme heranzugehen, ist gerade bei diesem Typus absolut kontraproduktiv!

Tipps: Dem hektischen Pferd hilft nur ein erfahrener und absolut ruhiger, gelassener und entspannter Reiter, der Geduld hat und sich durch nichts aus der Fassung bringen lässt (ein Wesenszug, der eigentlich jeden Reiter auszeichnen sollte) und stattdessen Sicherheit

vermittelt. Wer die Möglichkeit hat, sollte sein Pferd so oft wie möglich vor dem Reiten zehn, 20 Minuten longieren. Es hat somit die Gelegenheit, seinen bei diesem Typ oftmals ausgeprägten Bewegungsdrang auszuleben, ohne vom Reiter reglementiert zu werden. Eine erste Entspannung tritt nun meist ein. In Ruhe geht es dann zum Reitplatz, wo der Reiter aufsitzt. Falls hier wieder Unruhe aufkommt, sollte man einen Helfer bitten, das Pferd festzuhalten. Dadurch wird verhindert, dass sich Pferd und Reiter gleich im ersten Moment des Reitens miteinander streiten. Der Hektiker – nervös, unsicher – würde sich nämlich nur wieder aufregen und von da an verspannt auf weitere Auseinandersetzungen mit seinem Reiter warten. Der Helfer dagegen gibt ihm Sicherheit, das Aufsitzen wird nicht gleich zur Kraftprobe.
Derartige Tipps mögen sich trivial anhören, für einen entspannteren Umgang mit hektischen Pferden können sie sehr hilfreich sein. Der sicher ex-

Hektiker reagieren auf Umweltreize häufig über und wittern hinter jedem Busch die große Gefahr.

tremste Vertreter unter den Hektikern ist mir im Laufe meiner bisherigen reiterlichen und ausbilderischen Laufbahn in meinem Fuchs Allegro begegnet. Ein sanftes, anhängliches aber grundunsicheres Pferd, das von mir liebevoll Mops, von den meisten anderen Menschen nur Psycho genannt wurde. Dreijährig kam er zu mir, war zuvor beim Züchter in einer Herde Gleichaltriger groß geworden. An und für sich beste Voraussetzungen, sich auch psychisch gut zu entwickeln. Offensichtlich standen ihm aber seine Gene im Wege. Allegro war unsicher, schnell panisch bis zur Selbstgefährdung und stets auf dem Sprung – Wesenszüge, die seine Ausbildung maßgeblich beeinflussten. Dreimal landete ich nach Stürzen im Krankenhaus (einmal peinlicherweise sogar direkt vom Turnierplatz aus). Der Versuch, einen erfolgreichen Profi zur Unterstützung und zeitweiligen Entlastung hinzuzuziehen, scheiterte nach wenigen Wochen am schwierigen Nerv des Fuchses und an dem gnadenlosen, weil wenig individuellen „Bereiten“, das Allegro zweimal hintereinander langwierige Sehnenverletzungen einbrachte – und mir den tierärztlichen Rat, den Profi-Beritt zugunsten der Pferdegesundheit zu beenden. Zurück im reinen „Amateurausbildungs-Lager“ machte es der Wallach mir nach seiner Genesung trotzdem nicht einfach. Auf Druck jeglicher Art, und wurde er auch noch so sanft dosiert, reagierte er vollkommen über, schlug dutzendweise westernreife Haken und steigerte sich förmlich in seine Unsicherheiten hinein. Selbst so relativ simpel neu zu lernende Lektionen wie „Schenkelweichen“ brachten ihn anfangs vollkommen aus der Fassung, fürs Erlernen der Galopp-Pirouetten brauchte er später geschlagene zwei Jahre.

VIEL ZEIT FÜR HEKTIKER

Hektische, nervöse Pferde brauchen einen besonders ruhigen und gelassenen Menschen, der ihnen auch beim allgemeinen Umgang viel Zeit widmet. Der Mensch sollte schnelle, eilige Körperbewegungen und schrilles Herumschreien vermeiden, um keinen Stress aufkommen zu lassen. Hektische Pferde nie unter Zeitdruck satteln. Ausgiebiges Putzen, verbunden mit Tellington-Touch oder anderen Entspannungstechniken, sind hilfreich. Trotzdem eindeutige und konsequente Bodenkommandos geben, da hektische Pferde zu Unsicherheit neigen und klare Führung brauchen.

Naturgemäß fällt hektischen Pferden nämlich der zweite Punkt der Ausbildungsskala am schwersten: die Losgelassenheit. Hektische Pferde sind – so wie Allegro – immer auf dem Sprung, lauern nach inneren und äußeren Gefahren, sind übereifrig bis nervös, wollen oft alles richtig machen und lassen sich aber bei kleinen Fehlern, uneindeutiger reiterlicher Einwirkung oder äußeren Ablenkungen umso mehr aus der Fassung bringen.
An erster Stelle muss hier also der Schwerpunkt Vertrauensbildung und Losgelassenheit gelegt werden.
Ein Pferd, das hektisch und ohne Vertrauen zu seinem Reiter einen Fuß vor den anderen setzt, wird nämlich weder zügig seinen Takt finden, noch vertrauensvoll an die Reiterhand herantreten, also auch keine gleichmäßige Anlehnung erreichen. Fehler, Schwächen oder auch nur kleine Unsicherheiten im täglichen Reiten quittiert der Hektiker deshalb schnell mit Unrittigkeit, irgendwann auch Widersätzlichkeit.
Wie man diese Losgelassenheit erreicht, ohne die Punkte Takt und Anlehnung ganz außer Acht zu lassen, hängt wieder von Alter und Ausbildungsstand des Pferdes und von den Fähigkeiten des Reiters ab. Für ein junges (Hektiker-)Pferd oder ein (Hektiker-)Pferd unter einem weniger erfahrenen Reiter kann sich der Gebrauch von Hilfszügeln, am besten Dreieckszügeln, anbieten. Sie geben sowohl dem Reiter als auch dem Pferd ein Mindestmaß an mentaler Sicherheit. Alle Aktionen – seien es solche vom Pferd oder vom Reiter – werden über den Hilfszügel immer gleichmäßig beantwortet. Alternativ kann auch ein Ringmartingal verwendet werden.
Auf lange Sicht ist es zwar das Ziel, auf Hilfszügel gänzlich verzichten zu können. Für kritische bzw. schwierige Situationen können sie aber vorübergehend hilfreich sein. Über die Gleichmäßigkeit der unter (korrekt verwendeten) Hilfszügeln gegebenen Reiterhilfen bekommt das Pferd mehr Vertrauen und Sicherheit – Grundlage für seine innere und äußere Entspannung und damit den ersten Schritt heraus aus der Hektik.
Dieser ist enorm wichtig, denn ansonsten gerät das Pferd immer wieder von neuem mit seinem Reiter in Konflikt – eine Spirale, die sich weiter und weiter hochschrauben kann. Entspannung und Losgelassenheit sind dagegen Voraussetzung dafür, dass sich das Pferd –

jedes Pferd, nicht nur das hektische – konzentrieren und somit lernen kann. Und so wie man nervöse und zur Hektik neigende Sportler mit autogenem Training, Yoga oder anderen Entspannungs- und Konzentrationstechniken zu höherer Leistung bringen kann, so lässt sich dies auch mit dem Pferd machen. Da der Yogasitz Pferden schwer fällt – Spaß beiseite! –, sind es hier stattdessen Techniken wie

Allegro konnte spektakulär aussehen, stand aber in der Profi-Arbeit zu stark unter Druck, wie Ohrenspiel, Gesichts- und Augenausdruck und geweitete Nüstern verraten.

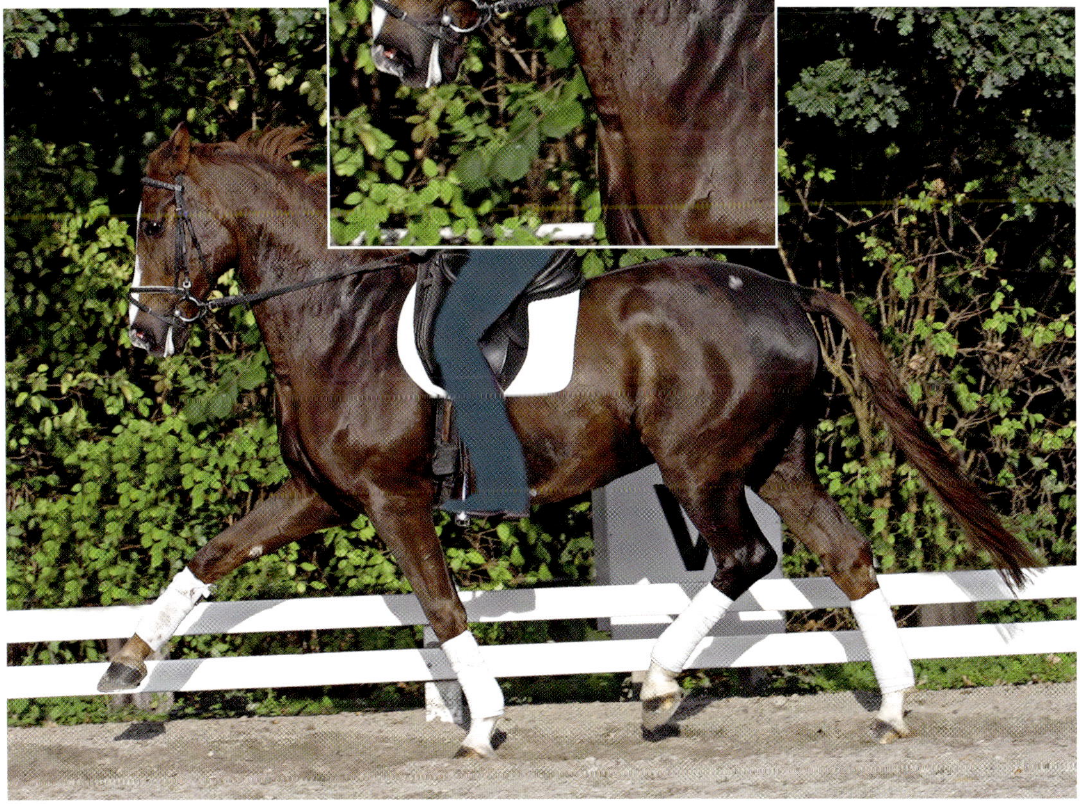

Dasselbe Pferd mit weniger Druck – nicht ganz so spektakulär, dafür aber mit einem zufriedenen Gesichtsausdruck

Tellington-Touch oder spezielle Riten, die man als Reiter versuchen sollte, täglich einzuhalten. Letztere müssen keine aufwändigen Aktionen sein, vielleicht nur ein etwas ausgiebigeres Streicheln vor dem Aufsteigen, ein wenig „Fellkraulen" mit den Fingernägeln am Widerrist oder einfach nur die strikte Einhaltung von 20 Minuten Schrittreiten zu Anfang können schon reichen, um ein bisschen mehr Sicherheit zu vermitteln.

Hinzu kommen natürlich die einzelnen Gangarten und Lektionen, die – je nach Pferdetyp – ganz gezielt eingesetzt werden können. Da der Hektiker ja meist nervös und überreagierend ist und sich deshalb

schnell wieder neu verspannt, sollte man versuchen, ihn zunächst beim Lösen ein wenig einzulullen, statt gleich auf Teufel komm raus nach vorne zu reiten: ein Trab etwas unterhalb des Tempos, das der Hektiker selbst anbietet; häufigere Übergänge zum Schritt (nicht zum Halten, das kann Spannung begünstigen); längere Schrittreprisen zwischen den Gangarten; viele Wendungen (steigern die Konzentration). Erst wenn das Pferd nicht mehr auf jedes Außengeräusch lauscht, sondern auf seinen Reiter achtet, ist es an der Zeit, ein wenig mehr nach vorn zu reiten und auch größere Tempounterschiede wie Zulegen-Einfangen einzubauen zu können, ohne dass die Losgelassenheit auf der Strecke bleibt.
Beinahe zeitgleich mit dieser „Anti-Hektik-Arbeit" wird auch die Basis für die beiden übrigen Punkte der Grundausbildung gefestigt: Takt und Anlehnung. Zwar ist auch beim Hektiker der saubere Takt in den Grundgangarten wichtig, doch steht und fällt er – mehr als bei den meisten anderen Pferdetypen – mit dem zweiten Punkt der Ausbildungsskala: der Losgelassenheit. Defizite in diesem Bereich sind gerade für das hektische Pferd absolut leistungsbegrenzend. Wobei mit Leistung hier nicht unbedingt nur die Turnierleistung gemeint ist, sondern die Leistung als zufriedenes und Zufriedenheit spendendes Reitpferd. Im Umgang mit einem hektischen Pferd ist deshalb in ganz besonderem Maße Geduld und Zeit angesagt, wobei der Erhalt der Losgelassenheit die kniffeligste, aber auch die wichtigste und nie endende Aufgabe ist.
Hat man sich als Reiter mit der Grundausbildung, also mit dem sicheren Erreichen der Punkte Takt, Losgelassenheit und Anlehnung, genügend Zeit gelassen, ist ein gutes Fundament gelegt worden, um auch in den Bereichen Schwung, Geraderichtung und Versammlung zum Erfolg zu kommen. Allerdings wird der Hektiker seinen Reiter immer wieder dazu bringen, den Schritt zurück zur Basis machen zu müssen. Wer das nicht konsequent durchhält, wird früher oder später am Nerv seines Pferdes scheitern.
Allegro hat es übrigens, wenn auch mit vielen Umwegen und zeitlichen Verzögerungen, bis zum S-Sieger geschafft. Und bevor er wegen einer Lungenproblematik in Frührente ging, hat er mich einmal mehr gelehrt, dass Zeit ein absolut untergeordneter Faktor beim Reiten ist.

DAS PHLEGMATISCHE PFERD

Kommst du heut' nicht, kommst du morgen. Nach diesem Prinzip lebt das phlegmatische Pferd. Dieser Typ lässt sich durch nichts so schnell aus der Ruhe bringen. Ein Umstand, der vor allem für Anfänger, wenig erfahrene oder ängstliche Reiter durchaus seine Vorteile haben kann, solange es sich um ein „gesundes Phlegma", also um Nervenstärke handelt. Überschreitet die Gemütlichkeit jedoch diese Grenze, kann aus der Nervenstärke schnell Faulheit und Triebigkeit werden, die das tägliche Reiten sehr negativ beeinflussen. Und hier ist es – zumindest anfangs – nicht die Losgelassenheit, die Probleme bereiten kann, sondern vor allem der Takt. Störungen in diesem Bereich wirken sich früher oder später auch auf alle übrigen Punkte der Ausbildungsskala aus, besonders auf Schwung und Versammlung.

Größte Fehler: Im Umgang mit dem phlegmatischen Typ gibt es eigentlich zwei große Fehler. So ist es schon grundlegend falsch, der übertriebenen Gemütlichkeit des Pferdes im Umgang vom Boden aus nachzugeben. Typische Fehler-Situation im Umang mit einem Phlegmatiker: Der Reiter führt sein Pferd nicht aus der Box oder zum Reitplatz, er zieht es. Und auch nach dem Aufsitzen wacht das Pferd aus seiner Lethargie kaum auf. Warum sollte es auch, bisher hat der Mensch dieses Halbschlaf-Temperament ja auch geduldet. Der zweite Fehler: Fehlende Konsequenz bei der Hilfengebung und dadurch nach und nach Abstumpfung auf die Reiterhilfen.

Tipps: Der Phlegmatiker braucht einen besonders konsequenten Menschen, der alle seine Kommandos – egal ob am Boden oder im Sattel – eindeutig gibt und am Willen zur Ausführung keinen Zweifel lässt. Geschieht das nicht, sucht sich das phlegmatische Pferd gerne den bequemsten Weg. Aus anfänglicher Nervenstärke kann dann schnell Triebigkeit werden, die den Reiter zu klopfenden Schenkeln und dauerndem Sporneinsatz verleitet – was das Pferd auf Dauer weiter abstumpft und noch mehr Triebigkeit hervorruft, die sich dann oft negativ auf den Takt des Pferdes auswirkt: In den Trab schummeln sich Taktunsicherheiten ein, im Galopp geht der

KONSEQUENZ GEGEN PHLEGMA

Der Umgang mit einem phlegmatischen Pferd ist an und für sich recht unproblematisch – man läuft selten Gefahr, dass einem der Vierbeiner plötzlich auf die Füße springt. Der Phlegmatiker latscht höchstens in aller Ruhe drauf und bleibt entspannt stehen. Oder er lässt sich aus der Box mehr ziehen als führen. Er hat die Ruhe weg, nutzt das aber auch gerne mal schamlos aus. Schon vom Boden aus sollte der Reiter also ganz klare Kommandos geben und ihre Erfüllung auch konsequent durchsetzen. Verpasst man das, lernt das Pferd ganz schnell, dass der Mensch nicht unbedingt ernst zu nehmen ist. Es lebt sein Phlegma aus, auch unter dem Sattel. Denn wieso sollte es hier denn auf einmal sensibel reagieren, wenn es dies sonst auch nicht muss?

Nimmt das Pferd seinen Menschen nicht ernst, ist auch grünes Gras wichtiger als Gehorsam

Dreitakt verloren, im Schritt stellen sich Taktverschiebungen bis hin zum Pass ein. Der Schwung, der ja als „die Übertragung des energischen Impulses aus der Hinterhand auf die Gesamtvorwärtsbewegung des Pferdes in Trab und Galopp" definiert wird, bleibt ebenfalls auf der Strecke. Die Geraderichtung wird leiden, die Versammlung höchstenfalls als verlangsamtes Schlurfen daherkommen statt als ausdrucksvoll getragene Bewegung.
Damit es erst gar nicht so weit kommt, muss der Reiter alles daran setzen, sein Pferd „wach" zu machen und es somit bei Laune, sprich Konzentration zu halten.
Kleines, aber nicht minder wichtiges Detail in der Vorbereitung aufs Reiten: Jegliches Führen des Pferdes sollte forsch und zügig sein (notfalls mit einer kleinen Gertenhilfe von unten unterstützen, dazu mit der Gerte in der linken Hand das Pferd seitlich der Kruppe ein wenig touchieren und somit vortreiben), um schon hier die Aufmerksamkeit des Pferdes auf den Menschen und auf die kommende Aufgabe zu fokussieren. Das Gleiche gilt für das lösende Schrittreiten. Bereits hier sollte das Pferd fleißig nach vorn gehen, statt gemütlich und nachlässig einherzuschleichen, während sein Reiter allein seinen Gedanken nachhängt oder mit dem Nachbarn plaudert. Je mehr Fleiß – nicht Eile – der phlegmatische Pferdetyp von Anfang an entwickelt, desto eher werden spätere Taktstörungen vermieden.

MISSVERSTÄNDNIS TREIBEN

Über den reiterlichen Begriff des Treibens herrschen oftmals sonderliche Vorstellungen. Häufig wird Treiben mit dauerhaftem Schenkeldrücken oder -quetschen verwechselt. Dabei hat Treiben damit gar nichts zu tun. Treiben ist vielmehr eine gekonnte Kombination aus Gewichts- und Schenkelhilfe. Die Gewichtshilfe ergibt sich aus einer ausbalancierten Mittelpositur bei frei beweglichem Becken und wirkt somit dauernd. Die treibende Schenkelhilfe ist nichts anderes als ein bei Bedarf gesetzter Impuls eines ansonsten recht entspannt am Pferd liegenden Beines – mal einseitig, mal beidseitig gegeben, mal vorwärts, mal seitwärts wirkend. Je sensibler ein Pferd auf den Schenkel reagiert, desto sanfter kann dieser Impuls gesetzt werden. Bei einem optimal ausgebildeten Pferd reicht quasi ein „Denken" oder „Atmen" des Reiterschenkels. Bei einem Schenkel-unsensiblen oder durch dauernden Sporen- oder Absatzeinsatz stumpf gemachten Pferd muss der Reiter durch vorübergehend starke Einwirkung, sprich einen kurzen, energischen „Tritt" in die Seite diese Sensibilität wieder herstellen. Wichtig hierbei ist, die gewünschte Reaktion des Pferdes, das Vorwärts, zuzulassen und sofort zu loben.

Um diesen Fleiß zu erreichen ist es ganz, ganz wichtig, die treibenden Hilfen kurz, knapp und effektiv einzusetzen. Reicht ein leichtes vorwärts treibendes Zufassen mit den Unterschenkeln nicht aus, darf die Hilfe ruhig ein- oder zweimal energisch gegeben werden, gegebenenfalls unterstützt durch eine Gertenhilfe. Reagiert das Pferd in diesem Moment mit frischerem Vorwärtsgehen, muss es nach vorn gelassen und auch umgehend gelobt werden. „Hinten treten und vorne ziehen" wäre grundweg falsch und würde das Pferd nur verwirren. Phlegmatische Pferde sollten insgesamt öfter auch mal „über Tempo" geritten werden, um „wach" und aufmerksam zu bleiben und um Gehfreude zu entwickeln und zu behalten. Als unterstützende Lektionen bieten sich deshalb auch häufige Tempowechsel an, interessant aufgelockert durch das Abfragen einfacher Lektionen wie Zirkel, Volten, Schlangenlinien, Handwechsel oder Schenkelweichen. All das verhindert Eintönigkeit und fördert die Aufmerksamkeit des Phlegmatikers. Auch ein lösendes Vorwärtsreiten im leichten Sitz, Cavalettiarbeit, regelmäßige Ausritte und Springgymnastik bringen Frische und Spaß an der Bewegung. Letzteres ist gerade für die besonders „gemütlichen" Pferdetypen wichtig, da sie sonst schnell abstumpfen.

Bleibt der Phlegmatiker auf die Reiterhilfen und hier vor allem auf die Schenkelhilfen sensibel oder wird er durch richtige Einwirkung sensibel gemacht, wird auch er mit einem „schnelleren“ Hinterbein reagieren – Voraussetzung für die spätere Versammlungsarbeit. Reagiert das Pferd hier beim Zurücknehmen in die Versammlung dagegen mit einem Verlangsamen des Hinterbeins und damit mit einem Verlangsamen des gesamten Bewegungsablaufs (im Dressurprotokoll steht in solchen Fällen „nur langsam“), muss der Reiter sofort reagieren. Diese Reaktion darf dann nicht aus Schenkel-Klopfen und rhythmischen Sporen-Stichen bestehen oder sich in einem mühsamen Quetschen der Unterschenkel darstellen, sondern sollte sofort kurz und prägnant gesetzt werden. Im Klartext heißt das: ein-, zweimal „zack-zack“ mit dem Absatz/Sporn kurz und Maschinengewehr-ähnlich kicken und die Reaktion des Pferdes – also das schnellere Abfußen, sogar das verdutzte Nach-vorn-Springen – sofort belohnen. Nur so hält man den Phlegmatiker „flott am Bein“ und damit sensibel.

Diese beiden Gymnastikreihen eignen sich für viele Pferde, da sie Abwechslung in den (Dressur-) Trainingsalltag bringen. Reihe 1 ist einfacher zu reiten und deshalb als Einstieg gedacht. Reihe 2 fördert neben dem Spaß vor allem auch Kraft, Reaktionsvermögen und Flexibilität des Pferdes.

WACH UND FRISCH DURCH SPRINGGYMNASTIK

ANREITEN AUS DEM TRAB

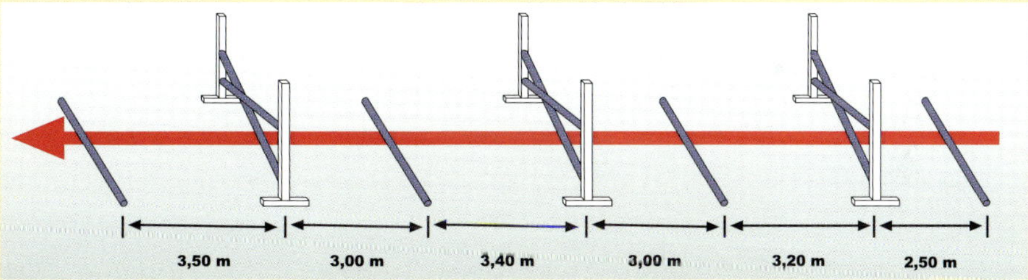

ANREITEN AUS DEM GALOPP

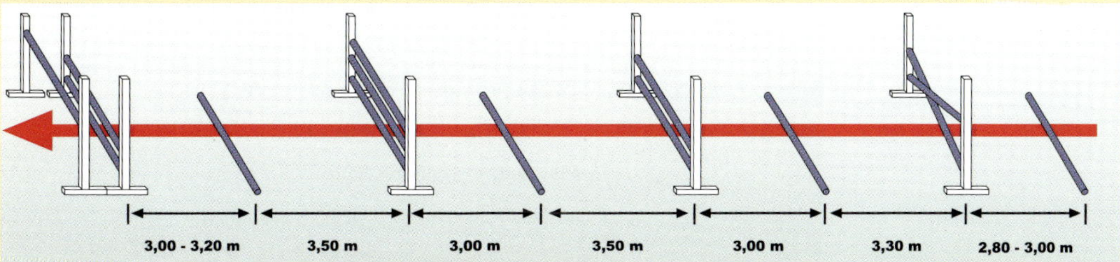

(Sprungreihen vorgeschlagen von Alois Pollmann-Schweckhorst)

Die Sensibilität auf die Reiterhilfen ist gerade für diesen Pferdetyp äußerst wichtig, da sonst nichts flüssig und fließend klappen kann, kein einfacher Galoppwechsel, kein Übergang, kein Zulegen, geschweige denn schwierige Lektionen wie Galopp-Pirouetten oder Piaffen. Auch im Parcours wird nur das sensibel auf die Hilfen des Reites reagierende Pferd wendig genug sein, technisch anspruchsvollere Anforderungen lösen zu können.

DAS „HEISSE" PFERD

Dieser Typus ist meist geprägt durch einen enormen Vorwärtsdrang, der unter dem Reiter gerne in Rennerei ausartet, gepaart mit einer latenten Nervosität. „Heiße" Pferde verfügen meist über einen hohen Blutanteil und damit verbunden einen ausgeprägten Drang, nach vorn zu gehen. Sie sind in der Regel sehr bemüht, doch haben sie durch ihr hitziges Temperament oft Schwierigkeiten mit den Punkten Takt, Losgelassenheit und vor allem auch mit der Anlehnung. Eng werden, gegen die Hand gehen und Kopfschlagen treten ver-

Die hübsche aber nicht minder heiße Stute neigt dazu, schon mal unter der Reiterin weglaufen zu wollen und dabei zu eng im Hals zu werden und nach unten zu drücken.

mehrt auf. Auch im weiteren Verlauf ihrer Ausbildung und im täglichen Reitalltag tun sich „heiße" Pferde schon mal sehr schwer, vor allem in den Disziplinen Dressur und auch im reinen Freizeitsport. Dabei sind es gerade diese Pferdetypen, die, richtig behandelt, zu großen Leistungen fähig sind.

„Heiße Öfen" werden oft verkannt und falsch behandelt. Im Bemühen, das Pferd zu beruhigen, stehen viele Reiter unablässig „auf der Bremse", das heißt, sie ziehen nach rückwärts und stürzen ihr Pferd damit in einen schier unlösbaren Konflikt. Es will (seinem Wesen gehorchend muss es sogar) nach vorn, wird aber mit mehr oder weniger Zwang daran gehindert, seine natürlichen Anlagen auszuleben – eine Kombination, die ziemlich explosiv ist und zu vielschichtigen Problemen führen kann. Je mehr das Pferd nun versucht, seinem Reiter unter dem Hintern wegzulaufen und je mehr es durch Zügeleinwirkung daran gehindert wird, desto mehr wird es rennen, in allen Gangarten den Takt verlieren, sich aufregen, innerlich und äußerlich verspannen und damit Losgelassenheit unmöglich machen und, um dem unangenehmen Zügeldruck zu entgehen, irgendwann mit Kopfschlagen, also schweren Anlehnungsmängeln, reagieren. Echte Schwungentwicklung über den Rücken wird so unmöglich, die

Über das vermehrte Reiten von Wendungen lässt sich mehr Ruhe in die Arbeit bringen.

Abhilfe schafft auch die ruhige aber konsequente Arbeit im Schulterherein. Dadurch wird das „Zuviel“ an Vorwärts unter Kontrolle gebracht.

Geraderichtung leidet und die Versammlung wird sich höchstens als spektakuläres Gestrampel denn als tänzerische Leichtigkeit darstellen, wahre Durchlässigkeit ist kaum gegeben.

Größte Fehler: Den Bewegungsdrang des Pferdes zwanghaft einzudämmen (extrem kurze Zügel, Schlaufzügel etc.), ist das Falscheste, was man als Reiter tun kann. Auch die bei Reitern „heißer“ Pferde oft zu beobachtenden weggestreckten Unterschenkel sorgen meist eher für Verschlechterung als für Verbesserung der Situation.

Tipps: Das eilige, „heiße“ Pferd ist, ähnlich wie der Hektiker, am besten bei einem erfahrenen, geduldigen und ruhigen Reiter aufgehoben. Nur auf diese Weise ist gewährleistet, dass es sich nach und nach entspannt und auf Dauer reitbar bleibt bzw. durchlässiger wird. Um dauerndes Weglaufen unter dem Sattel zu verhindern oder zu korrigieren, kann, ebenso wie beim Hektiker, ein Ablongieren vor dem Aufsitzen Wunder wirken, denn an der Longe kann das Pferd seinem Lauftrieb erst einmal nachgeben. Darüber hinaus gibt es ein paar grundsätzliche Dinge, die man vom Sattel aus beachten muss:

1. Der Reiter sollte mit deutlich längeren Zügeln reiten, als er es dem ersten Impuls nach vielleicht tun würde.
2. Er sollte auf jeden Fall die Unterschenkel mit sanftem Druck ans Pferd anlegen, statt sie wegzustrecken.
3. Er sollte Tempokorrekturen vermehrt mit den Gewichtshilfen reiten.
4. Er sollte möglichst auf eine Gerte verzichten.

Der erste Punkt fällt vielen Reitern „heißer“ Pferde besonders schwer, da man automatisch versucht, mit den Zügeln zu bremsen. Dies jedoch verursacht im Allgemeinen, wie schon erwähnt, noch mehr Weglaufen. Ein längerer Zügel dagegen ermöglicht es dem Pferd, seinen Hals fallenzulassen und sich an die Reiterhand zu dehnen – Voraussetzung für die Mitarbeit der Rückenmuskulatur und die Aufwölbung der Wirbelsäule. In dieser Haltung kann sich ein Pferd besser körperlich loslassen, schmerzhafte Muskelverkrampfungen bleiben aus. Dies wiederum fördert die psychische Losgelassenheit, Voraussetzung für Konzentration.

Punkt zwei, die Unterschenkel. Irgendwie scheinen die meisten Reiter das Gefühl zu haben, dass weggestreckte Waden ein Pferd bremsen können oder zumindest langsamer machen. Das Gegenteil ist der Fall. Ein leicht anliegendes (nicht quetschendes!) Bein bringt zum einen mehr Stabilität in den Reitersitz und erleichtert damit auch die senkrechte Einwirkung des Oberkörpers. Bei weggestreckten Beinen geraten viele Reiter in leichte Rücklage – eine Sitzform,

RUHE IN DEN TROG

Über das richtige Futter bzw. Zusatzfutter lässt sich auch bei „heißen“ und übernervösen Pferden einiges erreichen. Dabei sind hier keine Beruhigungsmittel gemeint, sondern ganz natürliche und zugelassene Nahrungsergänzungen wie Magnesium, Vitamin B1, Tryptophane oder diverse Kräutermischungen. Auch Pheromone, spezielle Duftstoffe, sollen beruhigend und entspannend wirken. Doch selbst wenn diese Ergänzungen im Allgemeinen gesundheitlich unbedenklich sind, sollte man sie trotzdem mit dem Tierarzt oder Homöopathen seines Vertrauens besprechen. Auf die richtige Dosierung kommt es an. Ein „Zuviel“ oder eine falsche Kombination sollte auch bei diesen natürlichen Mitteln vermieden werden.

KOPFARBEIT BRINGT RUHE

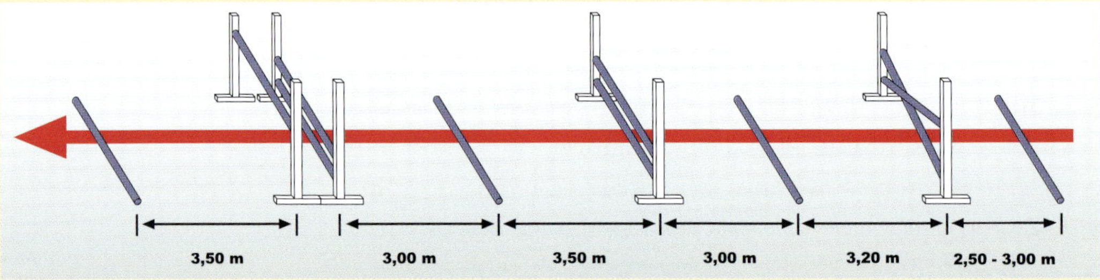

Für ein eher heißes Pferd sollte die Gymnastikreihe eher kurz sein und mit einer Bodenstange nach dem letzten Sprung enden, um so auch am Schluss das Tempo regulieren zu können.
(Sprungreihe vorgeschlagen von Alois Pollmann-Schweckhorst)

die noch mehr Druck auf den Pferderücken ausübt und ein „heißes" Pferd noch mehr unter seinem Reiter davonlaufen lässt. Darüber hinaus geben leicht anliegende Unterschenkel über den Körperkontakt dem Pferd Sicherheit. Eine Schenkelhilfe kann sich aus dieser Haltung sanft entwickeln, anstatt – wie beim weggestreckten Bein – plötzlich auf das Pferd einzuwirken und es zu erschrecken.

Die beste Temporegulierung, Punkt drei, geschieht über Gewichtshilfen und hier am einfachsten beim Leichttraben. Der Reiter sollte versuchen, „langsamer“ zu sitzen als es das Tempo des Pferdes vorgibt. Um dies zu erreichen, bleibt er beim Aufstehen aus dem Sattel einen kleinen Moment länger oben, bevor er wieder einsitzt. Dadurch gerät er minimal hinter den Bewegungsrhythmus des Pferdes, was sich ziemlich seltsam anfühlt – fürs Pferd allerdings auch. Fast alle Pferde lassen sich auf diese Weise in ein ruhigeres Tempo bringen, ganz ohne Zwang und Zieherei. Mit diesem „gegen die Bewegung sitzen“ lässt sich auch ein zu eiliges Galopptempo herunterschrauben, wenn auch nicht ganz so gut wie beim Leichttraben.
Der übereilige Schritt eines „heißen Ofens“ kann durch verschiedene Maßnahmen ruhiger gestaltet werden. Die einen Pferde reagieren bereits, wenn sie im Schritt mit halben Paraden für ein paar Schritte ein wenig zurückgehalten oder sogar über eine ganze Parade ganz kurz angehalten werden, bevor sie dann wieder nach vorn dürfen. Andere reagieren besser auf das Reiten kleinerer Wendungen (Volten, Schlangenlinien) oder Schenkelweichen – Übungen, bei denen durch die halben Paraden und die Stellung bzw. das Umstellen oder Übertreten mehr Konzentration vom Pferd verlangt wird und der Reiter besser zum Treiben kommt.

Auf diese Weise lernt auch dieses hoch im Blut stehende Pferd nach und nach bei seiner Reiterin zu bleiben und nicht vor lauter Tempo machen nach unten auf die Hand zu drücken.

Treiben? Muss das denn bei „heißen“ Pferden überhaupt sein? Oder ist das nicht sogar kontraproduktiv? Ist es nicht, denn Treiben hat ja nichts mit Vorwärtsheizen zu tun, sondern mit dem „von hinten nach vorne über den Rücken an dic Reiterhand wirkenden“ Impuls, der das Pferd zum Abkauen und zum Halsfallenlassen veranlasst und somit zur Entspannung bringt.
Überhaupt ist das Reiten einfacher Lektionen in Verbindung mit vielen halben Paraden sowie auch Schultervor und Schulterherein dazu geeignet, die Pferde auf den Reiter zu fokussieren, sich loszulassen und ihnen beizubringen, beim Reiter zu bleiben, statt davonzueilen, sich also treiben zu lassen.
Ganze Paraden und damit verbundenes längeres Stehen fallen „heißen“ Pferden dagegen oft schwer und sollten erst dann geübt werden, wenn in allen drei Grundgangarten Ruhe eingetreten ist. Tänzelt das Pferd beim Halten trotzdem herum, niemals die Ruhe verlieren! Mit grobem Verhalten, Rucken an den Zügeln oder genervten Tritten in die Seite erreicht man nur, dass der „heiße Ofen“ irgendwann gar nicht mehr stehen bleiben möchte – aus Angst vor der Strafe. Stattdesssen hilft es oft, auch beim Halten mal den Zügel länger werden zu lassen, selbst wenn dabei die Anlehnung vorübergehend verloren gehen sollte. Loben am Pferdehals oder hinterm Sattel entkrampft Pferd und Reiter. Und manchmal kann es sogar helfen, wenn der Reiter beim Halten an etwas vollkommen anderes denkt als an die gerade verlangte Lektion. Die dadurch unbewusst einsetzende Entspannung beim Reiter kann sich durchaus auf so manchen Pferdetyp übertragen.
Erst wenn auf diese Weise das Pferd gelernt hat, sich auf seinen Reiter einzulassen, ihm zu vertrauen und auf ihn und seine Hilfengebung zu warten, kann der nächste Ausbildungsschritt angegangen werden. Geduld und Ruhe ist deshalb gerade bei „heißen Öfen“ das alleroberste Gebot. Ähnlich wie beim Typ „Hektiker“ wird man als Reiter auch beim Typ „heißer Ofen“ immer wieder an der Basis und hier vor allem an der Losgelassenheit ganz bewusst arbeiten müssen. Sie ist beim „heißen Ofen“ ein äußerst zerbrechliches Konstrukt und deshalb durch falsches Reiten schnell zu stören oder zu zerstören. Dabei beginnt falsches Reiten bei Sitzfehlern wie Rücklage, unausbalancierter oder ungeschmeidiger Sitz, unruhige Hände und geht

über grobe Hilfengebung bis hin zu ungeschickter Auswahl von Lektionen und Übungen. Letzteres ist mit ein wenig Nachdenken noch am leichtesten abzustellen. So sollte der Reiter eines „heißen Ofens" zu häufiges Zulegen vermeiden, um das Blut seines Vierbeiners nicht noch mehr in Wallung zu bringen. Manche Pferde werden nämlich erst richtig „grell", wenn sie auf eine gewisse Betriebstemperatur gekommen sind. Auch der fünfte Einfache Galoppwechsel am Ende einer Diagonalen oder das 20. Rückwärtsrichten sind für diesen Pferdetyp nicht geeignet. Die Devise muss stattdessen heißen: Weniger (Wiederholung) ist mehr.

Das gleiche gilt letztlich ebenso beim Reiten im Gelände. Auch hier sollte man sich bemühen, nicht immer dieselbe Strecke für einen flotten Galopp zu wählen, sondern die Galopp-Strecken zu variieren und abzuwechseln und zwischendurch neben längeren Schrittpausen auch mal ein ruhiges Leichttraben einzubauen – und das alles, wie gesagt, ohne Gerte.

Hat sich das „heiße" Pferd entspannt und auf den Reiter eingelassen, können auch halbe Tritte mit ins Ausbildungsprogramm genommen werden. Sie fördern die Tragkraft des Pferdes, dessen etwas „heißer Charakter", einmal gezähmt, hier sogar sehr hilfreich sein kann.

MONICA THEODORESCU

„Ich habe im Laufe der Jahre viele sehr unterschiedliche Pferde unterm Sattel gehabt, doch das speziellste war sicher mein Vollblüter Arak. Als ehemaliges Rennpferd hatte er ja schon eine ganz andere Vergangenheit als alle meine anderen Pferde. Eine dressurmäßige Grundausbildung wie andere Pferde seines Alters hatte er nie genossen. Trotzdem lernte er aufgrund seines tollen Wesens und seiner Intelligenz ziemlich schnell.
Ich erinnere mich aber noch gut, dass die fliegenden Galoppwechsel für ihn schon eine besondere Herausforderung darstellten. Vor allem, als er später die Einerwechsel lernen sollte, wurde er ganz schön schnell. Vermutlich hat er sich da wieder an seine Rennkarriere erinnert. Wir haben ihn dann eine zeitlang verstärkt in dieser einen Lektion gearbeitet. Nicht mit unendlichen Wiederholungen, sondern lediglich mit dem Fokus auf die Wechsel.
Mein Vater *(Reitmeister George Theodorescu; Anmerk. der Autorin)* war immer der Meinung, man dürfe beim Erlernen neuer, schwieriger Aufgaben die Psyche eines Pferdes nicht mit zu vielen weiteren Lektionen überlasten. Viele Reiter machen auch den Fehler, eine neue Lektion ganz ans Ende der Stunde zu setzen. Doch dann sind meistens Psyche und Physis der Pferde bereits erschöpft und die Lernfähigkeit eingeschränkt. Sinnvoller ist es, eine neue Lektion in den Mittelpunkt der Stunde zu stellen.
Arak wurde also zunächst einmal ganz normal gelöst, einer entspannteren Aufwärmphase folgte ein wenig gymnastizierende Arbeit im Trab und Galopp sowie einzelne fliegende Wechsel. Sobald er locker war, ging es – zunächst indirekt – an die Serienwechsel. Das heißt, ich habe über einfache Galoppwechsel Links- und Rechtsgalopp in schneller Folge geritten, ihn also immer wieder neu angaloppiert. Als das klappte, habe ich ihn fliegend wechseln lassen und dann irgendwann zwei Einerwechsel verlangt, also im Rhythmus 1-1. Sobald es klappte, ließ mich mein Vater loben, absteigen, den Sattelgurt lösen und die Arbeit war beendet. Genauso gingen wir vor, als Arak erstmals drei, dann vier Einerwechsel ruhig sprang. Und als er vier begriffen hatte, war der Knoten geplatzt.

Auch heute gehe ich so vor, wenn ein Pferd Probleme mit den fliegenden Wechseln, vor allem mit den Einerwechseln hat. Sobald das Gewünschte einmal klappt, heißt es absteigen, loben, Leckerli geben, Gurt lösen, und zurück in den Stall. Mein Vater war der Meinung, dass die Pferde dieses Erfolgserlebnis mit in die Box nehmen und noch mal darüber nachdenken. Es mag sich seltsam anhören, aber ich glaube, es stimmt.

Auf jeden Fall hatten wir hier noch nie ein Pferd, das die Einer nicht schnell gelernt hat – und zwar ganz ohne Stress. Auch bei Arak hat diese Methode hervorragend geklappt. Er war ein heißes, ein positiv heißes Pferd, aber wenn er einmal etwas begriffen hatte, dann konnte man es wie auf Knopfdruck abfragen. Auch seine anfänglichen Schwierigkeiten, zur Losgelassenheit zu kommen, waren durch kontinuierliche Gymnastizierung mit vielen Übergängen, Schlangenlinien und Volten bald vergessen."

Vollblüter Arak wurde nach seiner Rennkarriere ein erfolgreiches Grand Prix-Pferd

DAS „FLEGELHAFTE" PFERD

Man soll's kaum glauben, aber auch unter den Pferden gibt es Flegel. Es handelt sich dabei häufig um solche Pferde – meist Wallache oder Hengste –, die über ein großes Selbstbewusstsein verfügen, neugierig und verspielt sind, gerne den Macho herauskehren und bei aller Menschenfreundlichkeit viel Unsinn im Kopf haben. Dieser oft extrem dominante Typ sucht immer wieder die Herausforderung, die „Diskussion" mit seinem Reiter. Dabei will der Flegel gefordert werden, hätte neben der reiterlichen Ausbildung sicher auch Spaß an und Talent für das Erlernen kleiner Kunststückchen im Alltag.

Größte Fehler: Alles mit dem nachsichtigen Lächeln und der Entschuldigung „ach, ist das süß" durchgehen zu lassen ist genauso falsch wie jede Aktion des Pferdes im Keim ersticken zu wollen. Kadavergehorsam liegt nicht im Charakter solcher Typen und kann ihnen, einmal eingetrichtert, jeglichen Glanz und Charme nehmen.

Tipps: Das tägliche Reiten und hier vor allem die Grundausbildung von flegelhaften Pferden stellt eine immerwährende Herausforderung an den Reiter dar. An und für sich lernen die meisten Flegel recht schnell. Allerdings – viel mehr noch als alle anderen Pferdetypen – auch alles, was sie nicht lernen sollten. Seine angeborene Neugierde macht den Flegel nämlich zu einem intelligenten Partner, der seinen Menschen unaufhörlich beobachtet, austestet und gerne auch mal am ausgestreckten Bein verhungern lässt. Diese Intelligenz

SPIELTRIEB BEDIENEN

Flegelhafte Pferde brauchen neben nachsichtig-konsequenter Führung vor allem viel Beschäftigung. Ihr stark ausgeprägter natürlicher Spieltrieb will bedient werden. Spielzeug (Horseball, Äste etc.) in der Box und auf der Weide halten ihren Geist rege und bieten Entspannung. Abwechslung beim Reiten sollte Selbstverständlichkeit sein. Wer Zeit hat, kann ja auch mal versuchen, seinem Pferd kleine Tricks beizubringen. Ein wenig Zirzensik bringt Pferd und Reiter Spaß und neue Impulse.

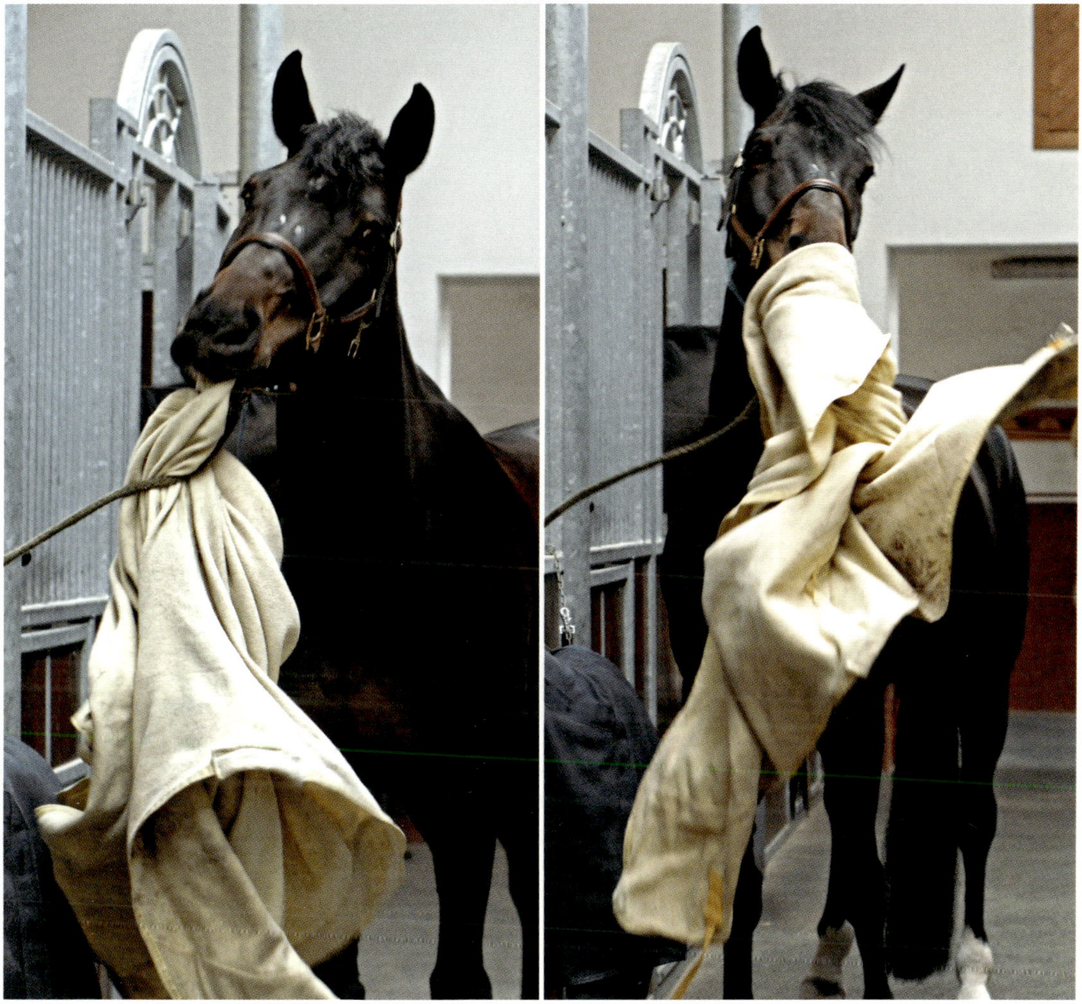

Nichts ist vor „Büffel“ und seinem flegelhaften Charakter sicher.

macht auf der anderen Seite die Arbeit mit diesem Pferdetyp so reizvoll. Echte Probleme mit den einzelnen Skala-Punkten hat dieser Typ – vorausgesetzt er hat keine besonderen anatomischen Mängel und wird korrekt gearbeitet – durch seinen Charakter nicht. Sein größtes Problem ist es, jede noch so kleine Unsicherheit oder Inkonsequenz des Reiters gnadenlos auszunutzen und mit Unfug, machohaftem Ungehorsam oder aber Leistungsverweigerung zu reagieren.
Mehr oder weniger stark ausgeprägtes „Flegeltum“ ist mir im Verlauf meines Reiterlebens schon häufiger über den Weg gelaufen. Allen

Die Ohren nach vorn gerichtet, der Blick aufmerksam. Flegel „Büffel" ist meist gut gelaunt und hat jede Menge dummer Streiche im Kopf – doch genau das macht den Charme dieses Typs aus, den es zu erhalten gilt.

die Krone setzt hier allerdings bisher mein Nachwuchspferd Courbière auf, bezeichnenderweise im Stall besser bekannt unter seinem Spitznamen Büffel. Etwa 1.80 Meter groß verfügt der Wallach zwar über ein ausgesprochen freundliches, neugieriges und nervenstarkes aber auch extrem flegelhaftes und „büffeliges" Wesen. Stalldecken werden gerne zerfleddert, Schubkarren am Griff gepackt und voll beladen umgeworfen oder Putzkisten ausgeräumt. Nichts ist vor Büffel sicher, alles wird ins Maul genommen, herumgetragen und umgestaltet. Nachdem er einmal bemerkt hatte, dass der Mensch am anderen Ende der Longe wohl doch nicht ganz so stark ist, wie zu Beginn irrtümlich angenommen, machte er sich eine Freude daraus, seinen riesigen Hals herumzuwerfen, die Richtung zu wechseln und, sich losreißend, davonzustürmen. Ich könnte schwören, dass dabei ein fröhliches Grinsen seine Maulwinkel umspielte. Erst der konsequente Einsatz von Ausbindern plus Kappzaum brachten den extremen Dominanz- und Spieltrieb des fröhlichen Riesen wieder in lenkbare Bahnen. Trotzdem muss man als Mensch immer wieder mit Büffels Eskapaden rechnen, an der Hand ebenso wie unterm Sattel. Hier ist es jedoch gerade sein extremer Spieltrieb, der ihn bisher recht problemlos lernen lässt und den man sich als Reiter zunutze machen kann. Jede neue Aufgabe ist für den neugierigen Flegel-Typ eine willkommene Herausforderung, vorausgesetzt, man zwingt ihn zu nichts.

Dieser Pferdetyp braucht die Abwechslung, innerhalb der Reitstunde, aber auch zwischen den einzelnen Trainingstagen. Weidegang, Freispringen, Ausritte, „alberne“ Spielchen – wer es schafft, den Flegel auf seine Seite zu bringen, sein Interesse an reiterlichen Aufgaben wach zu halten und ihn damit mental positiv zu fordern, kann an diesem Pferdetyp viel Freude haben. Wer versucht, ihn zu unterdrücken, wird angesichts des dominanten Wesens des Flegel-Typs sein blaues Wunder erleben.

Der Flegeltyp sollte deshalb mit nachsichtiger Konsequenz behandelt werden, am Boden und vom Sattel aus. Ausgiebiges Loben mit Stimme, Berührung und Leckerchen bewirkt bei dieser Art Pferd Wunder – allerdings immer in Verbindung mit einem punktgenauen „in die Schranken weisen“. Flegelige Pferde nehmen gern die ganze Hand, auch wenn ihnen nur der kleine Finger gereicht wurde. Hat dieser Pferdetyp einmal Oberwasser bekommen, wird es schwer, ihn zu handeln. Dann kann aus Freundlichkeit schnell Dominanz werden, aus Diskussionsfreudigkeit Sturheit. Das gleiche gilt allerdings auch, wenn man versucht, diesen Pferdetyp über einen bestimmten Punkt hinaus zu irgendetwas zu zwingen.

Der Flegeltyp möchte eben begeistert werden, viel mehr noch als seine anderen vierbeinigen Kollegen. Deshalb ist es gerade die Grundausbildung (Takt, Losgelassenheit, Anlehnung), die für dieses Pferd besonders wichtig ist. In dieser Phase entscheidet es sich, ob der Reiter dieses Pferd künftig für oder gegen sich hat und ob die weitere Arbeit Kampf oder Freude wird.

DAS ÜBEREIFRIGE PFERD

Dieser Typ zeichnet sich durch eine große Leistungsbereitschaft und einen gewissen Ehrgeiz aus, der manchmal fälschlicherweise als Nervosität ausgelegt wird. Das übereifrige Pferd will lernen und gefallen. Es antizipiert, kommt seinem Reiter und dessen Hilfengebung also häufig zuvor und macht deshalb Fehler. Dadurch auftretende Mängel in der Losgelassenheit sind meist auf falsche reiterliche Reaktionen zurückzuführen. Wer ein übereifriges Pferd hat, kann sich glücklich schätzen und muss nur noch lernen, diesen Übereifer in kontrollierbare Bahnen zu lenken, damit sich das Pferd nicht selbst im Weg steht. Gelingt das, macht die Arbeit mit diesem Pferdetyp viel Spaß.

Die Stute ist immer sehr begeistert bei der Sache und kann vor lauter Übereifer sschon mal etwas heiß werden.

SICH SELBER BREMSEN

Gerade bei übereifrigen Pferden muss man sich als Reiter manchmal selbst bremsen. Denn manche dieser Pferde scheinen alles beinahe wie von selber anzubieten, vor allem neue und schwerere Lektionen. Dabei darf aber nie vergessen werden, dass für viele dieser Lektionen auch eine körperliche Reife Voraussetzung ist. Nur, weil ein übereifriger Vierjähriger schon so schön spielerisch auf die Seitwärtshilfe reagiert, heißt dies noch lange nicht, dass sein Körper fürs Traversieren bereit ist. Und nur, weil ein besonders schwungvolles Pferd sich bereits in jungen Jahren von selbst schon fast wie in der Passage bewegt, heißt dies nicht, dass es über die erforderliche Tragkraft für derartig hohe Anforderungen verfügt. Wer lange von seinem Pferd etwas haben will, darf eben nicht immer alles sofort üben, was ihm der talentierte und übereifrige Vierbeiner anbietet.

Größte Fehler: Ein Pferd für seinen Übereifer und daraus manchmal resultierende Irrtümer und Fehler zu strafen, ist grundweg falsch. Auch häufige Wiederholungen ein- und derselben Lektion sollten vermieden werden.

Tipps: Sie haben ein übereifriges Pferd? Herzlichen Glückwunsch! Denn wie gesagt – nicht der Übereifer des Pferdes kann zum Problem werden, sondern die Art und Weise, wie der Reiter damit umgeht. Wer es dagegen versteht, ein solches Pferd bei Laune zu halten und es zu fördern, kann ihm beinahe alles beibringen. Im Dressurviereck sind es die übereifrigen Pferde, die im Fachjargon „elektrisch“ heißen und die sich eigentlich jeder erfahrene Reiter wünscht. Elektrisch meint dabei fein und umgehend auf Hilfen reagierend, sensibel am Bein, mit einem gesunden Vorwärtsdrang ausgestattet und lernwillig. Auch beim Springen sind es gerade diese Pferde, die – bei entsprechendem Sprungvermögen – später auch die technisch schwierigen Parcours im allgemeinen besser absolvieren als beispielsweise die phlegmatischen oder die ängstlichen Typen. Berühmtes Beispiel: Shutterfly unter Meredith Michaels-Beerbaum. Wer ein übereifriges Pferd im Stall stehen hat, sollte deshalb froh sein und diesen Übereifer als Geschenk annehmen und ihn kultivieren, statt ihn im Keim zu ersticken. Das beginnt schon bei der Grundausbildung und zieht sich auch durch das spätere Alltags-

Bei übereifrigen Pferden ist es wichtig, immer wieder entspannende Pausen, etwa Zügel-aus-der-Hand-kauen-Lassen, einzubauen, damit das Pferd lernt, auf den Reiter „zu warten".

leben dieses Pferdetyps. Sind Takt, Losgelassenheit und Anlehnung im Ansatz gegeben, funktionieren also „Gas, Bremse und Lenkung", ist es sinnvoll, dem Übereifrigen bereits einfache Lektionen anzubieten, um ihn mental auszulasten. Dabei ist es aber wichtig, ein und dieselbe Übung nicht wieder und wieder abzufragen. Bestes Beispiel im Basisbereich ist der einfache Galoppwechsel. Während man vom Phlegmatiker ruhig zehn dieser Übergänge hintereinander verlangen darf, sollten es beim übereifrigen Typ höchstens zwei, drei in Folge sein. Alles was darüber hinausgeht, führt dazu, dass das Pferd bereits weiß was kommt und nicht mehr auf die Reiterhilfen wartet. Es antizipiert. Dadurch werden die einfachen Wechsel schlechter: Zackeln, keine klaren Zwischenschritte, Spannung. Je mehr man nun übt, um den jetzt wenig schönen Wechsel besser hinzukriegen, desto mehr wird sich das Pferd darüber aufregen, dass sein Reiter es zurückhalten will und klare Zwischenschritte von ihm verlangt. Das übereifrige Pferd wird dies nicht verstehen, da es ja weiß, dass der

Reiter wieder angaloppieren will. Warum also nicht sofort und ohne die dummen Schritte dazwischen? Wer in solchen Momenten weiter übt und womöglich noch straft, erntet nur immer mehr Verspannung und verärgert das Pferd. Ein Teufelskreis, der dem lernwilligsten Tier die Freude an der Arbeit verleidet.

Statt vieler Wiederholungen also Abwechslung innerhalb der Lektionen bieten. Zwei einfache Galoppwechsel, dann etwas anderes verlangen, irgendwann dann wieder ein, zwei einfache Wechsel reiten. Sind die dann immer noch „verwischt", wartet das Pferd also immer noch nicht so auf seinen Reiter, dass ein korrekter Wechsel mit klaren Zwischenschritten gelingen kann, muss man ihm in der verlangten Schrittphase „etwas zu denken" an die Hand oder besser an den Huf geben. So lässt sich zum einen die Schrittphase im Training beliebig ausdehnen. Statt drei bis vier Schritte dürfen es ruhig mal zehn sein. Oder der Reiter fragt in der Schrittphase ein Schenkelweichen, bei weiter ausgebildeten Pferden ein Schulterherein ab. Werden diese „Schritt-Alternativen" auch noch abgewechselt, weiß das Pferd nicht mehr, was der Reiter nun tatsächlich als nächstes tun wird. Es muss abwarten. Und genau dass ist es, was es lernen soll. Dieses Abwarten erfordert und bringt Losgelassenheit und ist eine Voraussetzung für das Gelingen der Lektionen.

RICHTIG FÜTTERN

Dass Pferde schon mal „der Hafer sticht", sie also kernig und wach macht, wussten schon die alten Stallmeister. Ohne Hafer (und ohne ausreichend Wasser und Raufutter) kann ein Pferd keine große körperliche Leistung bringen. Das darf aber nicht missverstanden werden. Hafer ist sehr eiweißreich und darf deshalb nicht zu viel gefüttert werden. Sonst drohen gesundheitliche Beeinträchtigungen (Kolik, Hufrehe etc.). Ein „Zuviel" an Eiweiß kann außerdem zu Muskelsteifigkeiten und damit zu vermehrter Triebigkeit unter dem Reiter führen. Auf das richtige Verhältnis von Eiweiß/Energie/Mineralstoffen/Spurenelementen/Vitaminen kommt es an. Dieses Verhältnis ist abhängig von der Belastung, der Schwere der Arbeit sowie von Alter, Rasse und Größe des Pferdes. Die meisten unserer Vierbeiner fallen mit dem, was sie tun, allerdings in die Rubrik leichte bis mittelschwere Arbeit. Schwere Arbeit gibt es eigentlich nur noch bei Galoppern oder im Turniertraining stehenden Vielseitigkeitspferden.

Das Gleiche gilt bei fortgeschrittteneren Pferden/Reitern für die fliegenden Galoppwechsel. Auch hier sollte der Reiter zu viele Wiederholungen vermeiden, damit das Pferd die Wechsel nicht vor der Reiterhilfe und womöglich noch in einer ungünstigen Galopp-Phase macht. Sollte das geschehen, darf wieder nicht gestraft werden. Stattdessen muss der Reiter ruhig durchparieren, erneut im zuvor verlangten Rechts- oder Linkgsgalopp angaloppieren und an geeigneter Stelle den Wechsel erneut abfragen.
Selbst, wenn überhaupt kein fliegender Wechsel verlangt wurde, das Pferd aber trotzdem umspringt statt im Außengalopp zu bleiben, sollte niemals grob reagiert werden. Das gilt vor allem für die Lernphase, also die Zeit, in der das Pferd den fliegenden Galoppwechsel lernen soll. Der übereifrige Typ springt ja nicht um, weil er die Balance verliert oder sich nicht anstrengen will, sondern ganz im Gegenteil, weil er etwas Neues gelernt hat und dies seinem Reiter präsentieren möchte. Motto: Schau mal, ich hab's begriffen, ich kann es schon. Reagiert der Reiter in diesem Augenblick mit Grobheit und Ungeduld, verwirrt er sein Pferd vollkommen. Die Folge: Die Losgelassenheit leidet, damit der Takt und die Anlehnung – der Beginn größerer Schwierigkeiten, die gerade bei diesem hochsensiblen Typ zu ernsthaften reiterlichen Problemen führen können.
Im Fall des ungewollten Wechsels ist dem Reiter besser damit gedient, gelassen zu reagieren und so zu tun, als sei der Wechsel gewollt gewesen. Ein paar Meter wird weiter galoppiert, dann durchpariert und erneut im Außengalopp angeritten. Auf diese Weise lässt sich – und das gilt für alle Lektionen – der Übereifer des Pferdes kanalisieren und in kontrollierte Bahnen führen. Je durchlässiger ein Pferd auf diese Weise wird bzw. bleibt, desto feiner ist es zu reiten.

Aufmerksamer Blick eines hochsensiblen Sportpferdes

DAS SENSIBLE PFERD

Dieser Pferdetyp kann unter dem richtigen Reiter eine wahre Offenbarung sein. Sensible Pferde verfügen im Allgemeinen über einen gesunden Vorwärtsdrang, reagieren meist leicht und fein auf alle reiterlichen Aktionen und scheinen auf ihren Reiter zu horchen, um nur ja alles richtig machen zu können. Das ist die eine Seite der Medaille. Die andere: Sensible Pferde nehmen meist auch recht schnell mimosenhaft übel, und zwar alles, was sie nicht verstehen. Das kann eine falsche Reiterhilfe sein oder auch nur eine, die ein wenig zu heftig oder zu uneindeutig gegeben wurde. Eine Lektion an falscher Stelle, wie ein fliegender Galoppwechsel zu weit in der Ecke oder ein Rückwärtsrichten zu nah an der Rückwand. Oder auch nur ein nicht ganz korrekt verschnalltes Reithalfter. Ein weniger sensibles Pferd lässt sich durch solche Äußerlichkeiten nicht aus der Fassung bringen, wohl aber ein sensibles. Deshalb ist dieser Typ nur etwas für erfahrene, gefühlvolle und geschickte Reiter.

Größte Fehler: Mit geringem reiterlichen Können ein sensibles Pferd reiten zu wollen, endet häufig in Problemen, da falsche Einwirkung diesen Pferdetyp sehr verunsichern und frustrieren kann. Das Gleiche gilt für jegliche grobe Einwirkung des Reiters.

Tipps: Sensible Pferde lassen sich am besten mit Künstlern, manchmal auch mit Genies vergleichen. Ihre Sensibilität ist ihre Stärke und ihre Schwäche zugleich. Sie können zu Höchstleistungen gebracht werden, sie können aber auch Kleinigkeiten sehr übel nehmen und sich damit selbst im Wege stehen.
Der Reiter eines sensiblen Pferdes sollte diesen Wesenszug in erster Linie als Geschenk ansehen und versuchen, ihn zu erhalten und auf das Pferd einzugehen. Das heißt: Wenn er sein Pferd kennt und weiß, dass es auf dies und das vielleicht ein wenig (zu) sensibel reagiert, sollte er dies mit Fassung tragen statt verärgert mit einem „Meine Güte, stellt der sich an!“ zu reagieren. Gelingt es ihm nämlich, sein Pferd gemäß der Ausbildungsskala nach und nach durchlässiger und sich dabei die Sensibilität des Vierbeiners zunutze zu machen, wird er sich letztlich über ein Pferd freuen können, das beinahe ohne jeglichen Kraftaufwand „an zwei Fingern“ zu reiten ist. Auf dem Weg dahin sollte sich der Reiter jedoch hüten, sich an hin und wieder sicher mal auftretenden Problemen festzubeißen und mit starkem Gerten- oder Sporeneinsatz zu reagieren oder das Pferd zu überfordern. Gerade sensible Typen könnten solche Auseinandersetzungen dauerhaft übel nehmen und ihre weitere Mitarbeit aufkündigen.

ISABELL WERTH

„Die Unterschiedlichkeit der vielen Pferde, die ich im Laufe der Jahre reiten konnte, macht für mich einen Großteil der Faszination des Reitsports aus. Wenn ich zum Beispiel an Satchmo denke, kann ich immer wieder nur staunen über die Höhen und Tiefen, die man

Mit dem sensiblen Satchmo erlebte Isabell Werth Höhen und Tiefen.

mit ein und demselben Pferd erleben kann. Satchie ist von Hause aus einfach unglaublich gehfreudig. Ich habe ihn noch an keinem Tag müde erlebt, sein Motor ist immer an. Dabei ist er eigentlich nicht „heiß" im herkömmlichen Sinne, sondern er ist ein sehr temperamentvolles Pferd, das schon mal ein wenig übereifrig werden kann. In solchen Momenten muss man ihn bremsen – nicht seinen Vorwärtsdrang, sondern seinen Eifer.

Auch wenn sich das kaum jemand vorstellen kann, so ist Satchie doch in keinster Weise schreckhaft oder bodenscheu. Im Gegenteil. Er war und ist mein bestes „Ausreitpferd". Deshalb war es für mich ja auch überhaupt nicht nachvollziehbar, als Satchmo seinerzeit in den Prüfungen immer häufiger abdrehte und regelrechte Panickattacken bekam. Wir haben damals alles ausprobiert, ihn mal mehr, mal weniger gearbeitet, er hatte täglichen Weidegang, wurde longiert, geführt, betüdelt und medizinisch auf den Kopf gestellt. Bei einer Augenuntersuchung wurde der Tierarzt schließlich fündig. Satchie hatte so genannte „schwebende Membranen" oder „fliegende Mücken", eine Unreinheit im Glaskörper des Auges, die ihm offenbar das Gefühl vermittelten, irgendetwas würde ganz schnell vor ihm hin und her flitzen. Das versetzte ihn in Panik. Eine Operation brachte eine deutliche Verbesserung. Nach und nach verschwanden Satchies Aussetzer und er blieb auch in der fremden Umgebung von Turnierplätzen ruhig.

Die Arbeit mit ihm macht täglich Spaß. Dabei liegt der Schwerpunkt hauptsächlich auf Gymnastizierung, denn die Lektionen kann Satchie ja alle. Die hat er übrigens alle sehr schnell gelernt, da ihm sein Körper nie im Wege war und ihm nichts schwer fiel.

Um Satchmo bei Laune zu halten, gehe ich mit ihm auch schon mal auf unsere Galoppbahn. Oder ich reite bei gutem Wetter nach der Arbeit rüber zum Hof meiner Schwester und lade mich dort auf eine Tasse Kaffee ein. Die lärmenden Hunde, den knirschenden Kies – das findet Satchie toll und bleibt brav neben mir stehen, bis ich mein Pläuschchen beendet habe. Für ihn ist das die pure seelische Entspannung und meistens will er gar nicht mehr vom Hof weg."

VOM REITER „GEMACHTE“ TYPEN: DAS FAULE PFERD

Der Typ „faules Pferd“ ist eigentlich kein natürlicher Typ. Faule Pferde werden meist gemacht. Und zwar in erster Linie vom Reiter. Von Natur aus ist ein Pferd nicht faul oder fleißig. Derartige Charakterbeschreibungen wurden von Menschen über Menschen aufgestellt, Faulheit als Trägheit des Herzens und des Geistes gilt in der klassischen Theologie sogar als eine der sieben Todsünden. Davon sind Pferde aber sicher meilenweit entfernt.
Trotzdem hört man aber immer mal wieder von Reitern den Seufzer: „Mein Pferd ist so faul!“ Diese vermeintliche Faulheit ist nichts anderes als Triebigkeit, deren Ursachen vielschichtig sein können. Zu wenig Kraftfutter bei zu viel Arbeit kann schon dazu führen, dass das Pferd einen faulen Eindruck macht (obwohl lediglich seine „Batterie“ nicht genügend mit Energie gefüllt ist). Auch können gesundheitliche Beeinträchtigungen vorliegen, wie Atemwegs- und Lungenerkrankungen in Verbindung mit reduzierter Sauerstoffversorgung der Muskulatur (in solchen Fällen ist ganz einfach die „Batterie“ des Pferdes leer; Blutgasanalyse durchführen!), allgemeine Mangelerscheinungen (Blutprobe machen!) oder orthopädische Erkrankungen wie Hufrollenentzündung oder Rückenbeschwerden (Röntgenbild erstellen!).
Darüber hinaus entsteht – und das sind leider die häufigeren Fälle – Faulheit durch Reiterfehler. Ein fehlerhafter, wenig ausbalancierter Reitersitz (blockiertes Becken, schwankender Oberkörper, in den Sattel plumpsen etc.) allein kann einem Pferd schon seinen natürlichen Vorwärtsdrang verleiden. Kommt dann noch eine uneindeutige Hilfengebung und mangelhafte Einwirkung hinzu, geht die Bewegungsfrische ganz schnell verloren – nicht nur beim phlegmatischen Pferd.
Dauerhaft brachiale reiterliche Einwirkung in Form von muskulärer oder mentaler Überforderung oder brutalen Hilfen (harte Hände, starker Gerteneinsatz etc.) kann den Willen eines Pferdes außerdem brechen und aus dem zuvor gut gelaunten, frisch vorwärts gehenden Vierbeiner ein abgestumpftes, faul erscheinendes Wrack werden lassen.

Faule Pferde haben oft Probleme mit dem Takt, vor allem im Schritt und Galopp: Im Schritt kann es beim faulen Pferd schnell zu Taktverschiebungen bis hin zum Pass kommen, im Galopp geht meist der Dreitakt zugunsten eines Viertaktsprungs verloren. Auch die nach außen getragene vermeintliche Losgelassenheit dieses Pferdetyps ist oft eher aufgesetzt und unecht. Stattdessen sind viele faule Pferde im Rücken total verkrampft und machen sich oft schief. Schwung oder gar Versammlung sind kaum erkennbar bzw. kaum ausdrucksvoll präsentierbar.

Ein mitschwingender Reitersitz ermöglicht es dem Pferd, freudig nach vorn zu gehen.

Größte Fehler: Der Versuch, vermeintlich faule Pferde durch dauernden Schenkel- und Gerteneinsatz wieder flott zu machen, geht im Allgemeinen gründlich in die Hose.

Tipps: Ursachenforschung betreiben ist in diesem Fall das A und O. Wurden Fütterungsfehler oder gesundheitliche Gründe ausgeschlossen, muss der Reiter selbstkritisch hinterfragen, ob die Faulheit/Triebigkeit seines Pferdes nicht vielleicht doch an ihm selbst liegt. Schnell herausgefunden ist dies, wenn man ein paar Mal einen wirklich guten und erfahrenen Reiter auf sein Pferd lässt und beobachtet, was dann passiert. Manche Pferde reagieren schon auf einen korrekten und mitschwingenden Reitersitz umgehend mit mehr „Go“. Andere brauchen einen guten Reiter, der sie mit zwei, drei konsequent und richtig gesetzten Hilfen wieder ans Vorwärtsgehen erinnert. Da dieses Vorwärts aber nicht anhalten wird – zumindest nicht, wenn der Reiter sein persönliches Sitzproblem nicht in den Griff bekommt – muss hier mehr getan werden, um dauerhaft aus dem Faulen wieder einen Frischen zu machen. Denn dummerweise macht es einem ein schlecht nach vorn gehendes Pferd sehr schwer, korrekt und locker zu sitzen und damit richtig einzuwirken.
Je triebiger das Pferd, desto schwieriger hat es der Reiter, sein Sitzproblem abzustellen. Stattdessen verkrampft er sich mehr und mehr, bekommt einen unruhigen, klopfenden Schenkel und macht durch die dauernde „Porkelei“ sein Pferd nur noch unempfindlicher und

GESUNDHEITSCHECK

Charakter, Körperbau, Geschlecht und Rasse – all dies macht das Individuum Pferd aus. Hinzu kommt jedoch noch ein weiterer ganz wichtiger Faktor: die Gesundheit. Leider werden allzu oft Pferde als widersätzlich, stur, faul, übernervös oder unreitbar abgestempelt, obwohl sie vielleicht „nur“ ein gesundheitliches Problem haben. Zahnfehlstellungen, Haken auf den Zähnen, Infekte, Lungenerkrankungen, Muskelverspannungen, Stoffwechselstörungen, Muskelentzündungen oder Kissing Spines sind nur einige Probleme, die zu Schwierigkeiten unter dem Reiter führen. Ein regelmäßiger Gesundheits-Check sollte deshalb eine Selbstverständlichkeit sein, ebenso ein aktueller Check bei plötzlich auftretenden, massiven reiterlichen Problemen.

Spitzenreiterin Heike Kemmer macht's vor: Sitzübungen lassen sich sogar ohne Pferd machen (re.). Doch auch auf dem Pferd (li.) verbessern spezielle Übungen den Reitersitz.

triebiger. Der Griff zu immer längeren und schärferen Sporen tut sein übriges, um das Pferd weiter abzustumpfen – ein Teufelskreis, der unterbrochen werden muss.

Am besten ist es deshalb, seinen Sitz durch gezielte Gymnastikübungen und, wenn möglich, auch auf anderen, von sich aus mehr nach vorn gehenden Pferden durch einen Reitlehrer korrigieren und verbessern zu lassen, um das neu Erlernte dann auf dem eigenen Pferd besser umsetzen zu können.

Schafft man dies nicht, wird man erst gar nicht dazu kommen, sinnvoll an den Punkten Takt, Losgelassenheit und Anlehnung arbeiten oder sie je erreichen zu können – geschweige denn Schwung, Geraderichtung oder gar Versammlung.

Doch auch der erfahrene Reiter, der ein faules Pferd zu reiten bekommt, muss einige Dinge beherzigen. Das sicher Wichtigste ist auch hier wieder Ursachenforschung: Ist das Pferd wegen reiterlicher Schwächen in seinem Vorleben triebig geworden, oder wurde ihm durch grobes Reiten die Bewegungsfreude genommen? Im ersteren Fall wird es nicht sonderlich schwierig sein, Verbesserung zu erreichen. Eindeutige Hilfengebung, das Setzen klarer Impulse beim Treiben verbunden mit entsprechenden aufmunternden Lektionen wie Zulegen-Einfangen sowie zeitweisem Reiten im leichten Sitz sowohl auf dem Reitplatz als auch im Gelände und auch Gymnastikspringen bringen das Pferd meist schnell wieder dazu, sich muskulär loszulassen sowie freudiger nach vorn und sicherer durchs Genick zu gehen. Dadurch verbessern sich mit der Zeit auch die vermutlich bestehenden Taktprobleme.
Der zweite Fall dagegen ist anders und viel komplizierter gelagert. Pferde, die durch grobes und falsches Reiten womöglich über Jahre tyrannisiert wurden, drehen entweder durch und werden aggressiv, unberechenbar und nervös – oder sie ziehen sich in sich selbst zurück, reagieren mit Apathie und Selbstaufgabe. Als ein solches Pferd kam vor 30 Jahren ein großer Brauner in unseren Stall, der bereits alle S-Lektionen ging und auch Platzierungen bis M hatte. Selbst noch sehr unerfahren, hatten wir seinen stumpfen Blick und die großen haarlosen, verkrusteten Sporenlöcher an seinem Bauch nicht weiter bemerkt. Der Wallach erwies sich als extrem triebig, apathisch und in sich gekehrt. In der Box stand er meist mit dem Kopf in der Ecke, an seiner Umwelt schien er nicht interessiert. Obwohl lektionssicher, war das Reiten auf ihm keine Freude, sein Vorwärtsdrang ging praktisch gegen Null. Mit der Erfahrung von heute hätte ich ihm (und mir) vielleicht helfen können, so aber waren wir damals alle überfordert. Ein wenig glücklicher ist dieses Pferd vermutlich erst geworden, als es im Rentenalter von einem älteren Herrn betüdelt und gemütlich in den Wald geritten wurde.
Diese kleine Geschichte soll Pferdehaltern nicht den Mut nehmen, sondern deutlich machen, was man mit grobem Reiten einem Pferd alles antun und wie sehr man seine Psyche verletzen kann – und dass manche Pferde für das, was dem Reiter vorschwebt, vielleicht überhaupt nicht geeignet sind.

DAS ÄNGSTLICHE PFERD

Diesem Pferdetyp fehlt es in erster Linie an Selbstbewusstsein. Ein Manko, das angeboren oder „erworben“ sein kann. Angeborene Ängstlichkeit verstärkt sich meist im Laufe der Zeit noch, da das Pferd in der Fohlen- und Jungpferdeherde am unteren Ende der Hierarchie steht und von seinen Alterskumpanen oft gemobbt wird, wodurch es dann noch ängstlicher wird. Die rein erworbene Ängstlichkeit entsteht dagegen meist durch Umwelteinflüsse sowie unsachgemäße und gewaltvolle Einwirkungen des Menschen. Trifft Letzteres dann noch auf ein bereits zu Ängstlichkeit neigendes Pferd, kann es zu regelrechten Panikreaktionen bis hin zur Unreitbarkeit kommen. Aber auch ohne derartig verstärkende Komplikationen hat dieser Pferdetyp meist Probleme mit allen Punkten der Ausbildungsskala, vor allem natürlich mit der Losgelassenheit. Innere

Ängstliche Pferde neigen in vielen Situationen zum Scheuen oder auch Wegstürmen.

Die Hufe gegen die vermeintliche Gefahr (Pfütze) gestemmt, den Blick skeptisch nach rückwärts gerichtet – hier spielt sich gerade eine Mischung aus Ängstlichkeit und Widersätzlichkeit ab. In einer solchen Situation ist vom Reiter Ruhe, aber auch Konsequenz gefragt.

Entspannung, ein wichtiger Bestandteil von Losgelassenheit, fällt ängstlichen Pferden naturgemäß sehr schwer. Verspannung, Schreckhaftigkeit, häufiges Scheuen sowie der Drang zum Durchgehen sind oft die Folge, die eine gleichmäßige Anlehnung – also die weiche und vertrauensvolle Verbindung zwischen Pferdemaul und Reiterhand – folglich oft unmöglich macht. Änstliche Pferde sind nur etwas für einen erfahrenen und geduldigen Horseman, der nicht den schnellen Erfolg sucht.

Größte Fehler: Auf Angstreaktionen des Pferdes mit Strafe zu reagieren, ist das Schlimmste, was der Mensch tun kann. Das ängstliche

Pferd verbindet die Strafe mit der Situation, die ihm zuvor Angst gemacht hat. Dadurch kommt es zu einer Verbindung zwischen eben dieser Situation und der Strafe und damit zu einer Verstärkung der Angst. Beim nächsten Mal hat das Pferd nicht nur Angst vor der vermeintlich gefährlichen Situation, sondern auch vor der Strafe und damit vor seinem Reiter. Zwar trifft diese Verknüpfung von Angst und Strafe auf alle Pferde zu, doch hat sie vor allem auf ängstliche Typen fatale Auswirkungen. Wenig sinnvoll ist es allerdings auch, ein ängstliches Pferd durch übermäßiges Bemuttern und Bemitleiden beruhigen zu wollen. Ein übertriebenes „ruhig, ruhig" kann das ängstliche Pferd weiter verwirren, statt ihm Sicherheit zu geben.

Tipps: Der Reiter eines ängstlichen Pferdes muss sich immer wieder vor Augen führen, dass die Überreaktionen nicht gegen ihn gerichtet sind, sondern dem speziellen Wesen des Tieres entsprechen und durch negative Erfahrungen noch verstärkt wurden und werden. Über- und Angstreaktionen kann es dabei in allen Bereichen geben: beim Handling vom Boden aus genauso wie beim Reiten, im Gelände genauso wie in Viereck oder Parcours. Da die Art der Angst und auch der Angstauslöser selbst sehr vielschichtig sein können, ist für solche Pferde ein sehr sensibler und erfahrener Reiter nötig, der in kritischen Situation die Übersicht und die Ruhe behält und immer richtig reagiert. So hat das eine Pferd vielleicht vor lauten Geräuschen Angst, das andere vor Flatterbändern und ähnlich herumfliegendem Zeugs, eines tritt nicht über seinen eigenen Schatten und wiederum ein anderers gerät in Panik, sobald der Reiter eine falsche Bewegung mit dem Zügel macht.
Auch die Reaktionen ängstlicher Typen sind vielschichtig. Während der eine vielleicht andauernd zusammenzuckt, springt der andere zur Seite, dreht ab und versucht davonzustürmen, weg von der Gefahr. Als Reiter darf man dabei nicht vergessen, dass die Angst des Pferdes zwar übertrieben sein mag, seine Reaktion darauf aber seiner Eigenschaft als Fluchttier entspricht. Verärgerung oder gar Wut bringen einen Reiter in solchen Fällen deshalb überhaupt nicht weiter. Vertrauensbildung heißt hier stattdessen das Zauberwort. Dabei hängen die Erfolgsaussichten und die Vorgehensweise zum Erreichen dieses Ziels ganz erheblich von der Art der Ängstlichkeit ab.

Angeborene Ängstlichkeit

Angeborene Ängstlichkeit ist für den Reiter eher schwierig in den Griff zu bekommen, da er es mit einem echten Wesenszug des Pferdes zu tun hat. Bei der Arbeit mit solchen Pferden geht es nicht darum, sie schlechte Erfahrungen (mit Menschen) vergessen zu lassen und durch gute Erfahrungen zu ersetzen. Es geht vielmehr darum, aus einem Hasen- ein Löwenherz zu machen, ein Vorhaben, das nicht immer gelingt. Es darf nämlich nicht vergessen werden, dass der echte Angsthase ja diesen Wesenszug quasi in die Wiege gelegt bekommen und ihn vermutlich bereits seit mindestens drei Jahren, also bis zum ersten Anreiten, ausgelebt hat. Er hat sein Selbstbewusstsein nicht verloren, er hat es nie gehabt und es wurde auch nie gefördert – weder durch seine Mutter, die vermutlich selbst ängstlich war und ihr eigenes Angstverhalten in der so wichtigen Prägephase an den Nachwuchs weitergegeben hat, noch durch seine Pferdekollegen, unter denen er sowieso nur einen ganz niedrigen Rang einnimmt. Und auch nicht durch Therapiesitzungen, wie es sie für Menschen mit Ängsten und Angstneurosen gibt.
Erfahrene Pferdemenschen können einem solchen Pferd trotzdem – in Grenzen – zu mehr Selbstbewusstsein verhelfen. Dazu ist allerdings neben Geduld auch Kreativität und das richtige „Händchen",

Mit speziellen Touches nach Linda Tellington-Jones lassen sich gerade ängstliche Pferde gut entspannen.

das Gefühl gefragt. Ein Horseman, „Pferdeflüsterer“ oder einfach nur sensibler Halter oder Reiter wird erkennen, wie und womit er seinem Pferd Sicherheit vermitteln kann. Beispielsweise mit gezielter Bodenarbeit, bei der das Pferd lernt, sich zu konzentrieren und dabei auf den Menschen und auf die Aufgabe einzulassen. Eine andere oder auch ergänzende Möglichkeit besteht in speziellen Entspannungstechniken wie Tellington-Touch. Und auch der begleitende Einsatz von freundlichen und souveränen Begleitpferden, ganz egal ob beim Weidegang, in der Reitbahn oder im Gelände, kann Wunder bewirken. Solche vierbeinigen Partner wirken beruhigend und übernehmen darüber hinaus eine Vorbildrolle. Ihr Verhalten kann vom ängstlichen Typ kopiert werden. Bleiben sie in Alltagssituationen ruhig, kann sich auch der Angsthase besser entspannen. Diese Ruhe und Souveränität sollte natürlich auch der Mensch im Umgang mit seinem ängstlichen Pferd immer an den Tag legen. Nur auf diese Weise kann er zu einem festen Bezugspunkt für sein Pferd werden und Vertrauen aufbauen.

Erworbene Ängstlichkeit

Das Problem der erworbenen Ängstlichkeit kann manchmal einfacher, manchmal aber auch schwieriger abzustellen sein. Denn hier ist es ja meistens der Mensch, der dem Pferd diese Angst erst gemacht hat, und der nun versuchen will – wenn auch in Gestalt eines anderen Menschen – ihm die Angst zu nehmen und ihm wieder Sicherheit und Vertrauen zu geben. Als erstes sollte der Mensch deshalb versuchen herauszufinden, welche schlechten Erfahrungen das Pferd gemacht hat, wovor es überhaupt Angst hat. Vor der Hand des Menschen? Vor der Gerte? Vor speziellen Lektionen? Vor reiterlicher Einwirkung? Oder überhaupt vor Menschen? Erst wenn der Auslöser bekannt ist, kann man daran arbeiten, diese spezielle Situation, die für das Pferd bisher nur mit negativen Erinnerungen verbunden war, mit positiven Erlebnissen zu belegen.
Ein Beispiel: Hat ein Pferd beim Erlernen des Rückwärtsrichtens in der Vergangenheit viel Druck oder gar Prügel erfahren oder wurde diese Lektion immer wieder als Bestrafung eingesetzt, wird es Rückwärtsrichten in Verbindung mit dem Menschen als traumatische Erfahrung abgespeichert haben. Je intensiver diese Erfahrung war,

desto verunsicherter wird das Pferd sein, desto mehr Angst wird es vor der Lektion und irgendwann auch ganz allgemein vor Menschen haben – und auch vor anderen reiterlichen Anforderungen. Um ein solches Pferd wieder dazu zu bringen, entspannt und angstfrei zu arbeiten, sollte, parallel zu entspannter Alltagsarbeit, zunächst die spezielle Situation – hier also das Rückwärtsrichten – mit und ohne Reiter spielerisch neu erlernt werden. Diesmal aber über Lob und Leckerchen, also über so genannte „positive Verstärkung". Jeder Stress muss dabei vermieden werden. Reagiert das Pferd anfangs noch mit Panik, sollte dies am besten so weit wie möglich ignoriert werden. Macht es einen winzigen Tritt zurück, muss es, egal wie dieser Tritt aussieht, ausgiebig gelobt werden – auch wenn der Reiter eigentlich drei bis vier Rückwärts-Tritte haben wollte. In solchen Momenten gilt es, sich mit wenig zufrieden zu geben. Dieser Prozess kann dauern, tagelang, wochenlang oder sogar Monate. Und doch wird sich, anfangs vermutlich beinahe unbemerkt, das Verhalten des Pferdes ändern, wird es sich mehr und mehr auf den Menschen einlassen und wieder Vertrauen aufbauen.

Auch mit gezielter Bodenarbeit lässt sich das Selbstbewusstsein eines ängstlichen Pferdes steigern.

NICHT VERHÄTSCHELN

Ängstliche Pferde sollten mit großer Ruhe und Sorgfalt behandelt und geritten werden. Dabei sollte der Reiter sie aber auch nicht verhätscheln und von allem fernhalten, denn ein Leben abgeschirmt wie unter einer Glaskuppel ist erstens nicht möglich und verändert zweitens das Angstverhalten nicht zum Positiven. Wenn nur noch alleine in der Halle geritten wird, wenn kein Geräusch mehr stört, kein Hund mehr über den Platz rennt und keine Plastiktüte mehr raschelt, lernt das Pferd nicht, sich seinen Ängsten zu stellen und seinem Reiter zu vertrauen. Äußere Einflüsse sind wichtig, sollten nicht fern gehalten werden. Allerdings darf man anfangs auch nichts übertreiben, sondern sollte – je nach Art und Ausprägung der Ängstlichkeit – das „Abhärtungsprogramm" nach und nach steigern und dabei erwünschte Reaktionen immer gleich belohnen.

Ich spreche aus Erfahrung. Vor vielen Jahren war mein zweites Großpferd, ein damals 14-jähriger Trakehner-Wallach, zu uns in den Stall gekommen. So halbwegs bis S ausgebildet sollte er mich die höheren Weihen lehren. Was wir nicht wussten: Der Wallach war in unserer Gegend allgemein als „verrückt" bekannt. Dabei war er nicht verrückt. Er hatte nur Angst, unendliche Angst vor dem Reiter. Die Arbeit mit ihm gestaltete sich schwierig, er war ängstlich, nervös bis hin zu tageweise beinahe unreitbar. Zwar qualifizierten wir uns für die Deutsche Meisterschaft der Jugendlichen (das gab es seinerzeit noch) und schafften auch an den ersten zwei Tagen den Sprung unter die besten Sieben, der dritte Tag endete dann aber mit einem Protokoll, in dem die 4 die höchste Note war. Ein Albtraum. Allerdings einer, für den der Trakehner nichts konnte. Ihn hatte einfach erneut die Panik übermannt.
Zurück zu Hause hörte man dann von verschiedenen Seiten, dass dies kein Wunder sei, immerhin sei der Wallach ja bereits durch mehrere Hände gegangen, weil er schon immer schwierig gewesen sei. So schwierig, dass frühere Besitzer ihn auf Turnieren gar mit zwei Mann abritten – erst der eine eine Stunde lang, dann der andere. Ebenfalls eine Stunde lang. Dabei müssen die reiterlichen „Einwirkungen" derart brachial gewesen sein, dass der Wallach tiefe Narben, richtige Einkerbungen, in der unteren Lefzenpartie davongetragen hatte.

Hat ein Pferd Vertrauen, sind auch, wie hier mit La Picolina, solche Schirm-Aktionen kein Problem.

Dass dieses Pferd „geritten werden“ irgendwann mit „gequält werden“ verbunden hatte, war kein Wunder. Ich gebe zu, dass wir anfangs schon mal den Tag verfluchten, ausgerechnet an ein solches Pferd geraten zu sein. Doch so ängstlich der Traki war, so liebenswert war er. Sanft, abwartend, ein wenig zurückhaltend und irgendwie auf der Suche nach Zuneigung. Eine Gerte durfte man in seiner Nähe allerdings nicht in der Hand halten – weder am Boden noch im Sattel. Auch vor der Reiterhand hatte er panische Angst. Eine falsche Bewegung, eine wenig geschickte Hilfe und er riss mehrfach stoßend den Kopf hoch, nur um sich dann über die in solchen Situationen niemals ganz perfekt reagierende Reiterhand noch mehr aufzuregen. „Was tun?“, war die große Frage – und Longieren zunächst einmal die Antwort, weil nervenschonend für Mensch und Pferd. Auch an der Longe versuchte der Wallach schon mal ein hektisches Kopfschlagen, doch die Ausbinder gewährten ihm eine immer gleichmäßige Verbindung zwischen Gebiss und Gurt, so dass sich seine Anlehnungsunsicherheit und Angst vor dem Gebiss und damit vor der Reiterhand nach und nach verringerte. Das brachte mich auf die Idee, ihn auch auf Ausbinder zu reiten, egal ob wir uns – zumindest in

Lang, lang ist's her: Mein Trakehner, hier ein wenig eng im Hals, im entspannten Schritt während einer Siegerehrung

guten Momenten – bereits auf M-Niveau befanden und sich manche Leute verwundert angesichts dieser seltsamen Methode das Maul zerrissen. Um es kurz zu machen: Das Wochentraining mit diesem Pferd bestand schließlich aus drei aufeinander folgenden Tagen Longieren, dann zwei Tagen entspanntem Reiten auf Ausbindern gefolgt von Turnierstarts am Wochenende . Aus dem „verrückten" Trakehner wurde ein verlässliches und erfolgreiches Dressurpferd, das sich problemlos in vertrauensvoller Anlehnung und verheiltem Maul mit und ohne Gerte reiten ließ, mich zu meinen ersten S-Platzierungen trug und mir überallhin folgte. Ganz ohne Angst.
Dieses Beispiel soll nun natürlich nicht heißen, dass auf jedes ängstliche Pferd einfach ein Ausbinder geschnallt werden muss und „alles wird gut". Es zeigt vielmehr, dass hin und wieder auch ein unorthodoxer Weg zum Ziel führen kann, solange er sich an den Bedürfnissen eines Pferdes orientiert. Diese Bedürfnisse können gerade bei ängstlichen Pferden genauso unterschiedlich sein wie die Ursachen und Auslöser ihrer Angst. Und genauso unterschiedlich müssen auch die Lösungswege des Reiters sein, man muss sich nur darauf einlassen.

KLAUS BALKENHOL

„Ich hatte es im Laufe der Jahre mit allen möglichen Pferdetypen zu tun. Der Speziellste war dabei sicher Gracioso – und er war mit seinem Wesen das krasse Gegenteil zu Goldstern. Als Gracioso zu uns kam war er sehr ängstlich und introvertiert. Ganz egal, ob es um Menschen ging oder um Dinge in seiner Umgebung, er zog sich von allem zurück, hatte sein Temperament oft nicht unter Kontrolle. Für seine weitere Förderung war es zunächst einmal wichtig, dass er Vertrauen fand, denn durch seine Skepsis und Übersensibilität verspannte er sich schnell auch unter dem Reiter und hatte dann Taktschwierigkeiten vor allem im Trab und im Galopp. Oberstes Gebot für mich war es deshalb, ihm seine Ängstlichkeit zu nehmen, ihn an uns zu gewöhnen und ihn so ein wenig zugänglicher zu machen. Ich bin täglich mehrfach zu ihm in die Box gegangen, habe ihm Leckerchen gegeben und ihn gestreichelt. Anfangs stand er mit dem Kopf zur Wand, doch nach und nach drehte er sich erwartungsvoll zu mir um. Auch unter dem Reiter öffnete er sich langsam. Um ihm auch hier mehr Sicherheit zu geben, wurde er auch von meiner Frau Judith und meiner Tochter Anabel geritten. An diesen Tagen war weniger Training als reine Entspannung angesagt. Er sollte lernen, dass er sich vor keinem Reiter fürchten musste und dass die Arbeit unter dem Sattel auch ohne große Anforderungen einfach nur Spaß machen kann. Je mehr er sich losließ, desto besser ließ er sich reiten und desto schöner kamen seine Stärken zur Geltung. Ich glaube, bis heute gibt es kein Pferd, dass eine solch außergewöhnliche Piaff- und Passage-Tour zeigen kann. Ein bisschen Mimose blieb Gracioso aber immer. Im

Während Gracioso eher der ängstliche Pferdetyp war...

... zählte Goldstern zu den „heißen Flegeln".

absoluten Gegensatz zu Goldstern. Zwar hat der mich auch einige schlaflose Nächte gekostet, doch auf eine ganz andere Weise. Goldi war eine Mischung aus Flegel und „heißem Ofen" mit viel Gehfreudigkeit, dabei immer menschenfreundlich, offen und liebenswert. Er war eine starke Persönlichkeit und neigte hin und wieder auch zu Dominanz, vielleicht, weil er erst recht spät kastriert worden war. Er wollte seine Stellung als Pferd immer behaupten und stellte seinen Reiter damit – im positiven Sinne – regelmäßig vor neue Herausforderungen.

Um seine, vor allem in der Jugend, Neigung zum „Heißwerden" besser in den Griff zu bekommen, haben wir Entspannungstechniken nach Tellington eingesetzt. Darüber hinaus wurde Goldstern natürlich konsequent gemäß der Ausbildungsskala nach klassischen Prinzipien gearbeitet, verbunden mit viel Abwechslung und einem möglichst pferdegerechten Leben. Die sich so verbessernde Losgelassenheit ermöglichte ihm seine außergewöhnliche Dressurkarriere, wobei man an dieser Losgelassenheit immer wieder erneut arbeiten musste. Bei aller Unterschiedlichkeit waren beide Pferde, Gracioso und Goldstern, beste Beweise dafür, dass Vertrauen und Losgelassenheit die zentralen Punkte bei der Ausbildung eines Pferdes darstellen."

DAS WIDERSÄTZLICHE PFERD

Auch dieser Pferdetyp ist im Allgemeinen nicht so geboren, sondern er hat sich – aus den unterschiedlichsten Gründen – dazu entwickelt. Das widersätzliche Pferd wehrt sich vehement gegen mehr oder weniger alles, was sein Reiter von ihm verlangt. Es agiert mit Kopfschlagen, Durchgehen, Buckeln, Ausschlagen, Steigen, die Wände hochklettern oder sogar Hinwerfen. Je nach Ausprägung der Widersätzlichkeit gehört ein solches Pferd nicht in die Hände eines unerfahrenen Reiters, und auch der Erfahrene muss sich über die Risiken im Klaren sein.

Größte Fehler: Ohne Ursachenforschung der Widersätzlichkeit mit Kraft und Gewalt begegnen.

Tipps: Grobe Widersätzlichkeit eines Pferdes hat meist eine Geschichte. Das kann eine Krankheitsgeschichte genauso sein wie eine „Reitgeschichte“ – oder auch eine Kombination von beiden. Bevor der Reiter also – wie es leider häufig zu beobachten ist – zu immer schärferen Gebissen, Sporen, Hilfszügeln, sonstigen rabiaten „Erziehungsmitteln“ oder „Erziehungshelfern“ greift, sollte er erst einmal versuchen, den Dingen auf den Grund zu gehen. Ein kurzer Fragebogen zur Analyse der Situation kann häufig schon Abhilfe bringen.

- Trat die Widersätzlichkeit des ansonsten rittigen und zugänglichen Pferdes plötzlich auf?
  Wer diese Frage mit Ja beantworten kann, sollte zunächst Sitz des Sattels und Verschnallung des Zaumzeugs überprüfen (lassen). Ist da alles in Ordnung, müssen als Nächstes akute gesundheitliche Ursachen ausgeschlossen werden. Hinweise darauf kann die Beantwortung der nächsten Frage bringen:
- Welcher Art ist die Widersätzlichkeit?
  Reagiert das Pferd plötzlich mit Kopfschlagen, Wehren, einseitig extremer Festigkeit oder Überempfindlichkeit auf Zügelhilfen, kann dies auf Zahnprobleme (von Haken auf den Zähnen bis hin zu Zahn- oder Zahnwurzelentzündungen) hindeuten.

Derartige Widersätzlichkeiten stellen ein Risiko für Pferd und Reiter dar.

- Besteht die Widersätzlichkeit aus plötzlichem Abbremsen und Buckeln oder Steigen ist dies möglicherweise ein Hinweis auf schmerzhafte Kissing Spines, also sich durch unnatürliche Berührung bereits schmerzhaft entzündete Dornfortsätze der Rückenwirbel. Vor allem, wenn dieses Verhalten an der Longe ohne Reitergewicht nicht auftritt.

Haben sich die Schwierigkeiten schleichend entwickelt, können sowohl Krankheiten als auch reiterliche Fehler die Ursache sein. So kann nach und nach auftretende Triebigkeit eine Folge falscher Einwirkung sein (siehe S. 64) oder Folge einer sich schleichend entwickelnden Lungenerkrankung oder orthopädischer Probleme wie Hufrollenentzündung oder Arthrose. Und vermehrtes Scheuen könnte seine Ursache in einer Augenerkrankung haben – aber auch in einer unsicheren und wenig konsequenten Reitweise. Gerade bei den sich schleichend entwickelnden Problemen muss der Reiter also sich und sein Können, seine reiterliche Einwirkung und Hilfengebung selbstkritisch hinterfragen. Je mehr er selbst kann und je besser er sein Pferd kennt, desto eher wird er dem Problem auf den Grund gehen und es lösen können. Und nur in den seltensten Fällen gibt es Pferde, die – vielleicht aufgrund eines wenig menschenfreundlichen Wesens und eines sehr schwierigen Charakters – Widersätzlichkeit zum Selbstzweck erhoben haben. Und nur solche absoluten Ausnahmefälle rechtfertigen, aus Gründen der Sicherheit für Mensch und Tier, ein hartes Durchgreifen. Besteht aber der leiseste Zweifel, ob nicht doch ein unbekannter Schmerz oder Reiterfehler die Ursache für die Widersätzlichkeit sind, muss auf jeden Fall im Sinne des Tierschutzes weiter danach geforscht und auch gehandelt werden.

Buckeln oder Ausschlagen können Folge von Schmerzen sein, aber auch von Dominanzproblemen.

SONDERFALL: DAS JUNGE PFERD

Das junge Pferd ist kein Typ im eigentlichen Sinne. Es stellt quasi eine eigene Gruppe dar mit speziellen mehr oder weniger ausgeprägten Eigenschaften, die zeitlich begrenzt sind. An erster Stelle steht dabei die Unerfahrenheit des jungen Pferdes, gepaart je nach Charakter mit Neugier oder Unsicherheit, Übermut oder Phlegma, Verzagtheit oder Dominanz – und darüber hinaus mehr oder weniger gleichmäßigem Wachstum. Junge Pferde wissen nichts (oder zumindest nicht viel) und können nichts. Aus diesem Grund eignen sie sich auch nicht für unerfahrene Reiter. Trotzdem hört man immer wieder auch von relativen Reit-Neulingen (nach drei, vier Jahren Reiten zählt man immer noch zu den Neulingen) den Satz: „Ich kaufe mir lieber ein junges, unverdorbenes Pferd. Mit dem kann ich dann gemeinsam lernen." Die Idee ist sicher nett, aber ziemlich an der Realität vorbei. Es käme ja auch niemand auf die Idee, eine Fremdsprache, die er selbst nicht beherrscht, einem anderen beibringen zu wollen, der sie ebenfalls nicht kann. Oder Einsteins Relativitätstheorie, von der man höchstens mal gehört hat, jemandem erklären zu wollen. Am Besten ist es deshalb immer, egal ob im Sprachunterricht, in der Physik oder in der Reiterei, von denen zu lernen, die die Materie beherrschen – also nicht nur von guten (Reit-) Lehrern, sondern, beim Reiten, auch von erfahrenen Lehrpferden.

Größte Fehler: Sich mit wenig reiterlicher Erfahrung ein junges Pferd zuzutrauen; ein junges Pferd so zu behandeln wie ein älteres; junge Pferde zu schnell zu fordern.

Tipps: Je geringer die eigenen reiterlichen Fähigkeiten und Erfahrungen, desto größer sollte der Bogen sein, den man auf der Suche nach einem geeigneten Pferd um einen Youngster machen kann. Drei- oder Vierjährige sollten Tabu sein, seien sie auch noch so schön, gut, süß oder brav. Sechsjährig ist das Mindestalter, ca. zehnjährig das am besten geeignete. In diesem Alter sind die Pferde bereits ein wenig gelassener, lassen sich nicht so schnell aus der Fassung bringen (Ausnahmen bestätigen die Regel) und haben auch, bei

Junge Pferde, wie hier auf dem Bundeschampionat, können schon mal mit Übermut und Kernigkeit reagieren. Unerfahrene Reiter wären mit solchen Situationen schnell überfordert.

vernünftiger Ausbildung, die Sprache der Reiter, also die Hilfengebung, größenteils verinnerlicht und können auch mal mit nicht ganz so eindeutigen reiterlichen Hilfen/Signalen etwas anfangen.
Wer nun aber doch ein junges Pferd hat, sollte sich auf jeden Fall über die Begleiterscheinungen dieses Alters im Klaren sein.

Übermut bei jungen Pferden ist ganz natürlich und sollte nicht unterdrückt werden. Wer bereits versucht, sein junges Pferd in einen festen Benimm-Rahmen zu pressen, läuft schnell Gefahr, ihm die Freude am Gerittenwerden und damit seinen Glanz zu nehmen. Auf der anderen Seite darf der Reiter natürlich auch nicht alles durchgehen lassen, denn dann wird aus Übermut schnell Frechheit und Dominanz. Schon allein dieser schmale Grat erfordert viel Erfahrung, Gefühl und Können.
Auch Überforderung junger Pferde kann sehr schnell geschehen. Sinnvoll ist es, das junge Pferd vor allem in den ersten Monaten nach dem Anreiten zunächst nur zwei bis drei mal pro Woche für rund 20 Minuten zu reiten und die übrige Zeit – neben dem täglichen Weidegang – zu longieren. Erst wenn auf diese Weise eine erste Kräftigung eintritt und das Pferd auch unter dem Reiter wieder zu seiner Balance gefunden hat, können die Anforderungen langsam bis hin zum täglichen Reiten gesteigert werden.
Ein junges Pferd ist ein untrainiertes Pferd, dessen Muskulatur und auch Konzentration unter dem Reiter schnell ermüden. Beides, die Muskelausdauer und die Konzentrationsfähigkeit, lassen sich nur nach und nach aufbauen. Experten sagen, dass sich ein Pferd nicht länger als 20 Minuten am Stück konzentrieren kann, ein junges Pferd entsprechend kürzer. Regelmäßige Schrittpausen beim Reiten sind folglich wichtig. Werden sie nicht eingehalten, geht das zu Lasten der körperlichen und seelischen Losgelassenheit – bei jungen Pferden eben noch schneller als bei älteren.
Die Beschäftigung mit einem jungen Pferd setzt die Beschäftigung mit der Skala der Ausbildung voraus. Nur, wenn diese klassische Methode noch nicht verstanden wurde, können häufig gehörte Aussagen wie „Mein Vierjähriger hebt sich beim Halten schon mal heraus, da muss jetzt mal der Schlaufzügel drauf“ oder „er ist heute überhaupt nicht durchlässig gewesen“ fallen. Denn natürlich hebt sich ein Vierjähriger schon mal heraus. Er ist meist noch nicht sicher in der Anlehnung, außerdem noch neugierig, unkonzentriert und mehr an seiner Umgebung als an der Arbeit interessiert – so wie ein Kind im Kindergarten. Wenn Ihr Vierjähriger sich beim Halten also mal einen kurzen Überblick verschaffen möchte, dann lassen sie ihn. Verärgerung oder gar Strafe bringen nichts außer Verunsicherung.

Mit der Verbesserung der Anlehnung und mit dem Älter- und Reiferwerden gibt sich das ganz von selbst. Und durchlässig kann ein Youngster in dem Alter auch noch nicht sein – höchstens rittig oder eben unrittig. Rittigkeit ist angeboren, Durchlässigkeit dagegen sowohl Ziel als auch Ergebnis einer erfolgreichen Arbeit gemäß der Ausbildungsskala und setzt somit auch das Erreichen der Punkte Schwung, Geraderichtung und Versammlung voraus. Dinge also, die erst ab L-Niveau anstehen.

Die meisten jungen Pferde werden – je nach Charakter – früher oder später, wenn sie ihre Balance wiedergefunden und ein wenig zu Kraft und Kondition gekommen sind, ihre Reiter auch mal austesten oder gar in den Sand setzen. Auch das ist normal und kein Grund zu

übereilten und unbedachten Aktionen. Weder der Griff zum Schlaufzügel, noch die Tracht Prügel (Motto: „Da muss er aber jetzt mal durch!“) oder künftige Überängstlichkeit sind angebracht, sondern konsequentes Weiterarbeiten. Lassen Sie also einen gewissen Übermut zu, setzen Sie aber trotzdem Grenzen. Nur so lernt das Pferd, dass Gerittenwerden Arbeit und Konzentration bedeuten, aber auch Spaß und Herausforderung.
Ganz wichtig für die Art der Arbeit mit einem jungen Pferd ist natürlich auch der Aspekt „Wachstum“. In dieser Zeit (Hengste wachsen bis etwa vier- bis fünfjährig, Stuten bis etwa sechs- bis siebenjährig) verändert sich nicht nur die Größe, auch Wachstumsfugen schließen sich, Gelenke reifen aus. All dies hat Auswirkungen auf die Balance

„Büffel“ als Fünfjähriger (links) und als Sechsjähriger (rechts). Deutlich ist zu erkennen, wie sehr sich ein Pferd in diesem Alter verändert.

und die Belastbarkeit junger Pferde. Manche wachsen ganz gleichmäßig, das heißt, die Höhe von Vor- und Hinterhand bleibt etwa auf gleicher, harmonischer Höhe zueinander. Bei anderen Youngstern dagegen, vor allem bei besonders groß werdenden, geht's mal im Bereich des Widerrists in die Höhe, dann scheint plötzlich nur noch die Hinterhand zu wachsen und die Kruppe viel zu hoch zu werden. Innerhalb von Tagen oder Wochen verändert sich der Pferdekörper und damit auch die nach dem Anreiten gerade mühsam wiedergefundene Balance solcher ungleichmäßig wachsender Pferde.
Dieser Zustand kann sich bis zu drei, vier Jahren hinziehen und muss natürlich auch Auswirkungen auf das Reiten haben. Denn es ist durchaus möglich, dass sich das junge Pferd in einem Augenblick von körperlicher Ausgeglichenheit unter dem Sattel bereits angenehm taktsicher und rittig präsentiert, vier Wochen später aber nach einem Wachstumsschub plötzlich wieder längst überwunden geglaubte Schwierigkeiten auftreten.
Der Reiter muss dies einordnen und seine Arbeit darauf einstellen können, notfalls auch wieder einen Schritt zurück zu einfachen Basisübungen machen und sich in Geduld üben.
Doch auch bei gleichmäßig wachsenden oder bereits fast ausgewachsenen Pferden muss die reiterliche Arbeit vor dem Hintergrund des Alters gesehen werden. Drei-, vierjährige Pferde mögen manchmal so aussehen und daherkommen wie ihre ausgewachsenen Kollegen, doch der Schein trügt. Sie sind weder mental, noch muskulär „erwachsen“. Auch ihr Sehnen- und Bänderapparat ist noch nicht so belastbar wie bei älteren, trainierten Pferden, und sogar ihre Knochen und hier vor allem ihre Gelenke stehen noch mitten in der Entwicklung. Das ist nicht anders als bei Kindern, bei denen zu frühes sportliches „Powern“ ebenfalls langfristig zu Gesundheitsschädigungen führen kann.
Überforderung junger Pferde kann dabei nicht nur durch zu lange und zu intensive Arbeit unter dem Sattel geschehen, sondern auch durch die Auswahl und Art der Übungen und Lektionen. So sollte das Reiten von zu vielen Trabverstärkungen vermieden werden, da dies den Sehnenapparat stark belastet.
Auch Seitengänge, hier vor allem Traversalen, dürfen wegen der noch nicht geschlossenen Wachstumsfugen und der noch etwas instabilen

Auch das Anreiten junger Pferde sollte nur von erfahrenen Reitern durchgeführt werden.

Gelenke nicht zu früh und dann auch nicht zu häufig ins Programm aufgenommen werden. Die Zuordnung der diversen Lektionen zu den einzelnen Prüfungs-Niveaus (A, L, M, S, GP) und die damit verbundenen Altersbeschränkungen auf Turnieren haben durchaus ihren Sinn und bieten dem Reiter, quasi für den Hinterkopf, eine ganz gute Richtlinie, was er wann von seinem Pferd verlangen kann. Aber auch hier gibt es immer Ausnahmen von der Regel, gibt es Pferde, die später als andere angeritten werden oder die einzelne Lektionen erst später lernen.

EXTERIEUR-TYPEN

Isabell Werth und Warum nicht FRH

ANATOMIEGERECHT REITEN

Während sich die bisher beschrieben Typ-Einteilungen mit dem Interieur, dem Wesen des Pferdes, beschäftigt haben, geht es nun um einige der auffälligsten Unterschiede im Exterieur, also in der körperlichen Gestalt des Pferdes. Auch hier führen die individuellen Unterschiede zu einem unterschiedlich gewichteten Reiten. Abhängig davon, ob ein Pferd sehr kurz, sehr lang, mit steiler oder gut gewinkelter Hinterhand, mit hoch oder tief angesetztem Schweif, ausgeprägtem Unterhals oder weichem Rücken ausgestattet ist, muss der Reiter seine Arbeit – immer entlang der Ausbildungsskala – speziell darauf einstellen und gegebenenfalls auch akzeptieren, dass er bei seinen Zielen Abstriche machen muss. Denn die Anatomie eines Pferdes ist nicht veränderbar und kann, je nach Art und Ausprägung anatomischer Mängel, das Vorwärtskommen verlangsamen und sogar leistungsbegrenzend sein – vor allem, wenn mehrere Exterieur-Besonderheiten oder -Mängel zusammenkommen.

Groß, klein, lang, kurz – kein Pferd gleicht dem anderen

DAS KURZE PFERD

Quadratisch, praktisch, gut. Das mag für die Süßwarenindustrie gelten, für die Exterieurbeurteilung von Pferden trifft diese Beschreibung nicht unbedingt zu. Quadratische, also sehr kurze Pferde haben zwar oft einen eher kräftigen, tragfähigen Rücken, neigen auf der anderen Seite aber auch dazu, diesen schnell zu verspannen und wenig bis kaum schwingen zu lassen. Passend dazu bleiben die Bewegungen des Pferdes häufig stecken und fließen nicht durch den ganzen Körper, die physische Losgelassenheit leidet, in der Folge oft auch die psychische. Die Tragkraft ist meist recht gut ausgebildet, die Schubkraft lässt manchmal zu wünschen übrig, die Schwungentfaltung ist dann oft eingeschränkt. Verfügt das kurze Pferd doch über genügend Schub, neigt es in Trabverstärkungen hinten häufig zum breit Fußen. Seitwärtsbewegungen fallen den meisten kurzen Pferden leicht, echte Längsbiegung (auch in Seitengängen) aufgrund einer reduzierten Flexibilität der Wirbelsäule dagegen eher schwer.

Größte Fehler: Sich von der vermeintlichen Versammlungsbereitschaft kurzer Pferde blenden zu lassen und dabei die Dehnung und Lockerung der Hals- und Rückenmuskulatur und die seitliche Geschmeidigkeit des Rumpfes zu vernachlässigen.

Ein eher kurzer Vertreter unter den Warmblütern

Seitengänge, wie hier das Schulterherein, sind wichtig, um kurze Pferde lateral geschmeidig zu machen.

Tipps: Kurze Pferde kann es bei jeder Rasse geben, häufiger kommen sie natürlich bei Barockpferden (hier vor allem die Andalusier/PRE) und den Quarterhorses vor, Rassen, die um ihrer Wendigkeit willen absichtlich kurz gezüchtet wurden. Die durch die Kürze enstehenden muskulären Probleme sind aber bei allen Rassen gleich, egal ob Barock-, Western- oder Sportpferd. Bei der Arbeit mit solchen Typen sollte schon allein aus Gründen der Gesunderhaltung der Pferde besonderer Wert auf Dehnung gelegt werden, um muskuläre Losgelassenheit zu erreichen.

Ein probates Mittel gerade für diese Pferde ist hier das Reiten und/oder Longieren über Trab-Stangen oder Cavalettis. Dabei müssen die Pferde den Hals mehr fallen lassen, nehmen also eine ausgeprägtere Dehnungshaltung ein, die sich über den Rücken bis zu den Hinterbeinen fortsetzt. Dadurch wird aus einem kurzen zwar kein längeres Pferd, die zur Verkürzung neigende Hals- und Rückenmuskulatur

wird aber gedehnt, was wiederum ein vermehrtes Durchschwingen der Bewegung erleichtert.
Sehr hilfreich und für die Vorwärtsabwärts-Dehnungshaltung förderlich ist auch das vermehrte Reiten von Seitwärtsbewegungen jeglicher Art, anfangs in Form von Schenkelweichen, im fortgeschrittenen Stadium dann von Seitengängen wie Schulterherein, Travers und Renvers. Gerade sehr kurze Pferde sollten täglich besonders gut gymnastiziert werden, um einer weiteren Verkürzung und damit auch Verspannung der Muskulatur entgegenzuwirken.
Ebenfalls sehr empfehlenswert ist das „Sich-strecken-Lassen“ des Pferdes im hohen Tempo. Hier bietet sich vor allem der Galopp an, gerne auch im Gelände oder, wenn vorhanden, auf einer Galoppbahn. Ein starker Trab eignet sich nicht so gut, da häufige Wiederholungen erstens auf Dauer sehr stark Sehnen und Gelenke belasten und zweitens vor allem kurze Pferde hier schnell ins Laufen kom-

TRABSTANGEN AUF DEM ZIRKEL

Beim Reiten von Trabstangen auf dem Zirkel lassen sich die Abstände problemlos variieren: Je weiter innen geritten oder longiert wird, desto näher liegen die Stangen beieinander, je weiter außen sie überwunden werden, desto mehr muss sich das Pferd dehnen.
Der fließende Wechsel zwischen mehr und weniger Dehnung und mehr und weniger Längsbiegung fördert die Dehnungsbereitschaft und die Rückentätigkeit des Pferdes.

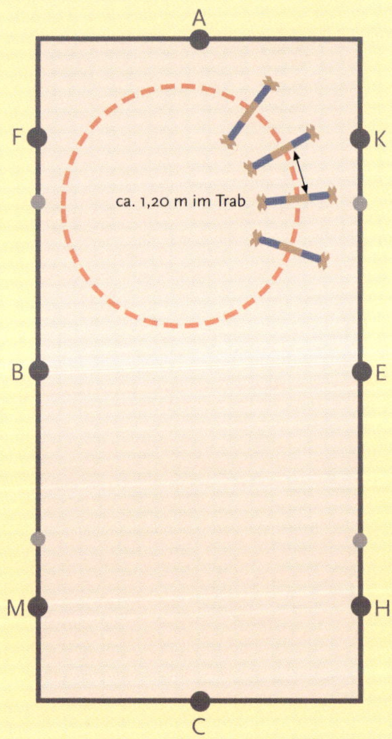

men und sich dabei mit der Zeit verkrampfen statt sich zu dehnen. Beim Cantern dagegen, also dem frisch-energischen Galopp nach vorn, muss sich das Pferd strecken und beinahe die gesamte Muskulatur seines Bewegungsapparates in gleichmäßigem Rhythmus einsetzen, wodurch die Bewegung durch den ganzen Körper fließen kann. Wichtig ist hier allerdings, dass der Reiter diese Streckung auch zulässt und nicht künstlich mit der Hand zurückhält. Ein auf diese Weise gearbeitetes kurzes Pferd wird später auch in der Versammlung besser durch den Körper schwingen.
Ganz wichtig ist auch die sorgsame Auswahl des Sattels. Auf dem Rücken sehr kurzer Pferde ist dafür nicht ganz so viel Platz. Liegt der Sattel so, dass er ausreichend Schulterfreiheit ermöglicht, kann es – je nach Satteltyp – passieren, dass er hinten zu weit in die Nierengegend hereinragt. Hier ist das erfahrene Auge eines guten Sattelspezialisten gefragt.

Gerade kurze Pferde müssen immer wieder zur Dehnung gebracht werden, wobei hier die Nase noch ein wenig mehr nach vorn weisen könnte.

HUBERTUS SCHMIDT

Hubertus Schmidt und Wansuela Suerte

„Ich habe in meiner reiterlichen Laufbahn bereits die unterschiedlichsten Pferdetypen gehabt. Lange Pferde, kurze Pferde, überbaute Pferde, Wallache, Stuten – einfach alles. Ich habe dabei die Erfahrung gemacht, dass es nicht unbedingt darauf ankommt, wie ein Pferd gebaut ist. Das Entscheidende ist vielmehr, dass erstens der Körper des Pferdes dressurmäßige Arbeit zulässt, auch wenn er nicht optimal ist. Und dass zweitens der Geist, das Wesen des Pferdes zur Mitarbeit bereit ist. Ich bekam einmal einen Wallach in den Stall, der war extrem lang und auch noch ziemlich überbaut. Als ich ihn zum ersten Mal ohne Sattel sah, habe ich einen richtigen Schreck bekommen und mich gefragt: Wie soll der denn die schweren Lektionen schaffen? Zu meiner großen Überraschung ging der Wallach eine tolle Piaff- und Passage-Tour, und das, obwohl sein Gebäude dafür nun wirklich nicht prädestiniert war. Aber trotzdem war es ihm und seinem Leistungswillen nicht im Wege. Man muss sich einfach davon frei machen, dass ein Pferd ein perfektes Exterieur haben muss, entscheidend ist, dass es mit seinem Körper arbeiten kann. Man muss vielmehr versuchen, die individuellen Stärken und Schwächen eines Pferdes zu erkennen, sie zu fördern beziehungsweise durch gymnastizierende Arbeit zu verringern. So reite ich ein heißes Pferd vielleicht eher unter Tempo und mehr über viele Wendungen, ein phlegmatisches Pferd schicke ich häufiger frisch nach vorn. Und ein kurzes Pferd, das dazu neigt, mehr nach oben als nach vorn zu gehen, arbeite ich vermehrt über die Tiefe. An und für sich muss man in der gesamten Ausbildung immer dem entgegen arbeiten, was das Pferd zu viel macht.“

DAS LANGE PFERD

Es wird gerne scherzhaft „Familienpferd" genannt, weil auf dem langen Rücken dieses Exterieur-Typs nicht nur ein Reiter, sondern gleich dessen ganze Familie Platz hätte. So lustig dieser Hinweis auch klingen mag, so ernst sind jedoch die tatsächlichen Probleme, die im langen Typ stehende Pferde haben. Denn lang ist bei ihnen vor allem der Rücken, also die empfindliche Brücken-Verbindung zwischen Vor- und Hinterhand. Extrem lange Pferde tun sich deshalb oft schwer mit dem Tragen des Reitergewichts im Speziellen und mit der Lastaufnahme im Allgemeinen. Schub- und Tragkraft lassen oft zu wünschen übrig, Versammlungsbereitschaft und -fähigkeit sind häufig eingeschränkt. Auch in Sachen Takt und Geraderichtung bereiten lange Pferde eher Probleme als im korrekten Rechtecktyp stehende. Dafür verfügen sie meist über eine größere Beweglichkeit der Wirbelsäule, was aber, bei falschem Reiten, vermehrt zu Muskel- und Bänderproblematiken führen kann.

Legt man die Silhouette des kurzen Pferdes von S. 94 auf das lange Perd, sieht man deutlich den Längenunterschied vor allem der Mittelhand.

Größte Fehler: Da lange Pferde gerne dazu neigen, nach hinten heraus statt unter das Reitergewicht zu arbeiten und dabei den Rücken hängen lassen, ist es fatal, die Hinterhand nicht ganz bewusst heran-

Warmblutstute mit eher langer Rückenlinie

Typische Problematik des eher langen Pferdetyps: Bei etwas zu viel Handeinwirkung hängt der Rücken durch, die Hinterhand arbeitet nach hinten heraus.

zuholen. Vernachlässigt man dies, fallen lange Pferde noch mehr auseinander, was negative Auswirkungen auf den Pferderücken, die Gliedmaßengelenke, die gesamte Muskultur sowie die Durchlässigkeit hat. Das gleiche gilt für den Einsatz von Schlaufzügeln.

Tipps: Für die Arbeit eines zu lang geratenen Pferdes gilt: Hinterhand, Hinterhand, Hinterhand. Sie ist der Motor, der aktiviert werden muss, damit sich das Pferd unterm Reiter, zumindest optisch, verkürzen kann. Diese optische Verkürzung muss aber das gesamte Pferd betreffen und von hinten nach vorne wirken, das heißt: die Hinterhand soll im gleichen Verhältnis unter den Schwerpunkt vorkommen, wie Hals und Genick des Pferdes zurückkommen, also runder werden. Aus diesem Grund sind auch die leider so gerne benutzten Schlaufzügel ungeeignet, da sie ein Pferd nur vorn verkürzen, dadurch den Pferderücken sowie die Hinterhand blockieren und das Problem – nach hinten herausarbeitende Hinterbeine – noch verstärken. Über längere Zeit auf Schlaufzügel gerittene lange Pferde sind meist vor dem Sattel kurz, hinter dem Sattel aber umso länger. Bei richtig und ohne derartige Zwangsmittel gerittenen Pferden

Gut zu sehen: Bei feinerer Hand und vermehrtem Treiben tritt die Stute besser unter den Schwerpunkt und wölbt ihren Rücken im Bereich der Lendenwirbelsäule auf. Das Pferd wirkt hinter dem Sattel bereits ein wenig kürzer als im vorigen Bild.

wölbt sich dagegen der Rücken nach oben, die Hinterhufe nähern sich den Vorderhufen, das Pferd wird im Ganzen „kürzer".
Um dies zu erreichen, eignen sich in besonderem Maße halbe Paraden. Bei jüngeren Pferden werden sie, außer zur Einleitung jeder Lektion, in erster Linie als Übergänge von einer höheren in eine niedrigere Gangart geritten, bei weiter ausgebildeten Pferden außerdem in Form von Tempounterschieden innerhalb einer Gangart. Das muss dann nicht nur das bekannte Zulegen-Einfangen sein, sondern spielt sich auf höherem Niveau sogar innerhalb eines versammelten Tempos ab, indem der Reiter sein Pferd in der „normalen" Versammlung für einige Tritte oder Sprünge noch ein wenig mehr zurücknimmt und in die Verkürzung hineinschwingen lässt, bevor er es dann wieder etwas herausreitet.
Natürlich sind halbe Paraden für jedes Pferd immens wichtig, und die Qualität der dadurch erreichten Übergänge sagt viel aus über das Gerittensein eines Pferdes. Für lang gebaute Pferde sind sie jedoch das A und O der Arbeit. Kommt man als Reiter eines optimal gebauten Rechteckpferdes in zwei Minuten Reiten vielleicht auf 15 bis 20 halbe Paraden (grob geschätzt und alters-, ausbildungs- sowie

lektionsabhängig), sind beim langen Pferd in der gleichen Zeit vielleicht 30 davon sinnvoll.
Diese Art des Übergänge-Reitens stellt für jedes Pferd eine gesunde Mischung aus Gymnastizierung sowie Hinterhand-Krafttraining dar – letzteres, weil sich bei jedem Übergang, und sei er auch beinahe unsichtbar, die Hinterhand ein wenig senken muss, was nur mit vermehrt gebeugten Hanken klappt. Da sich damit vor allem längere Pferde schwer tun, neigen sie oft dazu, sich bei diesen halben Paraden und Übergängen nach vorn auf die Reiterhand abzustützen, um sich so der Hinterhandarbeit zu entziehen. Hier hilft nur eine sehr schnelle und geschickte Reiterhand in Verbindung mit vortreibenden Schenkelhilfen. Die durchhaltende Zügelhilfe darf nämlich nicht mit einer ziehenden verwechselt werden, denn dadurch würde das Pferd die von ihm gesuchte Stütze ja erst finden und sich noch mehr auf den Zügel legen. Stattdessen muss die Hand bei allem Durchhalten flexibel bleiben, man spricht deshalb auch gerne von einer „spielenden Hand“. Sie hält auf der einen Seite Genick und Hals des Pferdes in der gewünschten Position und gibt auf der anderen Seite aber so schnell und fein nach, dass ein Abstützen unmöglich wird. Zusätzlich zu dieser Arbeit sind gerade für lang gebaute Pferde sämt-

Arbeitet man das lange Pferd in der höheren Versammlung im Galopp, bietet es sich an, den Zirkel zu verkleinern und dabei die Hinterhand traversartig nach innen zu führen. Unterstützend kann vom Boden aus touchiert werden. Doch Vorsicht: Dies sollte immer nur eine vorübergehende fein ausgeführte Hilfe sein und niemals grobes Schlagen!

liche Wendungen hilfreich – und schwierig. Letzteres, weil sie dazu neigen, in Wendungen mit der Hinterhand nach außen auszuweichen wie ein Lkw, an dem hinten ein Schild „Heck schwenkt aus" angebracht ist. Damit dies nicht passiert, muss sehr bewusst durch Einsatz des inneren Schenkels das Pferd gebogen und an den äußeren Zügel herangeritten werden. Der äußere Schenkel hält die Hinterhand dabei in der Spur. Absolviert das Pferd auf diese Weise seine Wendungen, ist es gezwungen, vermehrt Last mit dem inneren Hinterbein aufzunehmen, eine Übung, die also ebenfalls die Lastaufnahme fördert. Durch diese Arbeit wird nach und nach die Hinterhandmuskulatur des Pferdes gekräftigt und damit die Voraussetzung für ein vermehrtes Unter-den-Schwerpunkt-Arbeiten und damit für die optische Verkürzung des Pferdes geschaffen.
Dass auch länger gebaute Pferde durchaus bis zum höchsten Niveau gebracht werden können, wurde in der Vergangenheit schon öfters bewiesen.Bekanntes Beispiel: die Fuchsstute Wansuela Suerte, die es unter Hubertus Schmidt bis zu olympischen Ehren brachte. Auch sie entsprach vom Körperbau her nicht unbedingt dem Optimal-Dressurpferd und schaffte es dennoch unter der richtigen Förderung zum Spitzenpferd.

Nach der anstregenden Versammlungsarbeit muss auch das lange Pferd zum Entspannen immer wieder vorwärts-abwärts geritten werden. Auch hier sieht man gut, dass die Hinterbeine nun deutlich weiter vorfußen als zu Anfang der Arbeitsstunde.

DAS ÜBERBAUTE PFERD

Das überbaute Pferd tut sich im allgemeinen schwer, ein Dressurpferd zu werden. Denn ein angestrebtes Ziel der Dressur besteht ja in der Erarbeitung und Perfektionierung der Versammlung. Da diese letztlich durch eine vermehrte Lastaufnahme samt Senkung der Hinterhand (Hankenbiegung) charakterisiert wird, bereitet eine zu hoch gestellte Hinterhand natürlich doppelt Probleme, vor allem dann, wenn sie zu allem Übel auch noch steil gewinkelt ist. Das Pferd muss in diesem Fall immer ein wenig gegen seine Anatomie arbeiten, je stärker überbaut es ist, desto mehr. Das sollte der Reiter bei allem, was er seinem Pferd abverlangt, bedenken. Überbaute Pferde können im Laufe der Jahre anfälliger für Probleme im Kreuzdarmbeinbereich, in der Rückenstabilität und in den Kniebändern werden.

Größte Fehler: Den Gebäudemangel zu ignorieren, kann schwerwiegende Auswirkungen auf Durchlässigkeit, Leistungsfähigkeit und Gesundheit des Pferdes haben. Dabei ist fehlende Gymnastizierung

Schon als Fohlen hatte La Picolina eine etwas höher stehende Hinterhand. Ihrer Entwicklung zum Dressurpferd (rechts) hat dies durch entsprechende Arbeit aber nicht geschadet.

genauso schädlich wie über Zwangsmethoden herbeigeführte vorübergehende künstliche Senkung der Hinterhand.

Tipps: Überbaut sein darf ein Pferd höchstens vorübergehend während der Wachstumsphase, dann also, wenn mal die Vorhand, mal die Hinterhand ein wenig schneller „schiebt" und so ein ungleiches Wachstum entsteht. Spätestens nach dem Auswachsen, also etwa im

Alter von fünf bis sieben Jahren, sollte die Hinterhand nicht wesentlich höher als die Vorhand sein. Ansonsten spricht man dauerhaft von „überbaut“. Wer auf der Suche nach einem Dressurpferd ist, sollte sich nicht unbedingt ein solches Pferd aussuchen. Wer aber nun einmal ein derartiges Pferd sein Eigen nennt, braucht auch nicht gleich zu verzweifeln. Er muss nur ein paar Dinge akzeptieren und sich darauf einstellen. Ist das Pferd stark überbaut, sollte eine Dressurkarriere – bei aller Notwendigkeit einer dressurmäßigen Gymnastizierung – nicht ernsthaft angestrebt werden. Wer dies doch tut, setzt sein Pferd unter einen großen Druck. Das mental arbeitswillige Pferd wird dabei alles geben – und doch früher oder später an den Grenzen seines Körpers scheitern. Das weniger leistungsbereite Pferd wird vermutlich von Anfang an seinem Reiter Schwierigkeiten bereiten und sich auch gegen die Arbeit wehren, ganz einfach, weil sie ihm zu anstrengend und körperlich zu schwierig oder gar unlösbar wird. Beide Varianten sind wenig erfreulich. Ein körperlich und technisch sehr starker Reiter kann solche Pferde zwar zu erstaunlichen Leistungen „zusammenquetschen“, doch geschieht dies immer unter großem Kraftaufwand und führt zum frühen Verschleiß des Pferdes. Weniger problematisch ist es, wenn das Pferd nur ein wenig überbaut ist.

Allerdings gibt es bei der Arbeit mit ihm auch einiges zu bedenken. Ähnlich wie beim langen Pferd sollte auch das leicht überbaute Pferd ganz besonders intensiv über den Rücken gearbeitet werden, um diesen zu kräftigen und zur Aufwärtswölbung zu bringen. Denn durch die quasi etwas zu hohe hintere Aufhängung des Rückens haben überbaute Pferde im Laufe der Jahre oft eine gewisse Neigung zum beginnenden Senkrücken. Das kann anfangs nur gering ausgeprägt und kaum zu sehen sein, wird sich bei falscher oder fehlender Rückenarbeit aber mit der Zeit verstärken. Die sich dadurch verändernden Trage- und Hebelverhältnisse können darüber hinaus zu Problemen im Kreuzdarmbeinbereich sowie in den Knien des Pferdes führen. Gelingt es dem Reiter aber, durch entsprechende Gymnastizierung und Kräftigung (via halbe Paraden, Übergänge, Wendungen etc.) den Rücken zu stärken und nach oben zu bringen, kann auch ein leicht überbautes Pferd einen sportlichen Körperbau halten und bei entsprechendem Charakter auch Höchstleistungen bringen.

Bei „Liese" muss die Hinterhand immer gut aktiviert werden.

Mein Grand Prix-Pferd La Picolina, genannt „Liese", ist ein solches Pferd. Zu dreiviertel Vollblut im Pedigree hat sie einen eher flachen Widerrist und, wie bei vielen Blütern typisch, eine leicht überbaute Hinterhand. Durch ihr enorm leistungsbereites und freundliches Wesen, verbunden mit Rittigkeit und Intelligenz und einem ansonsten sehr korrekten Exterieur, macht sie dem Reiter die Arbeit mit ihr trotzdem leicht. Allerdings muss man, mehr noch als bei einem nicht überbauten Pferd, konsequent am Vortritt der Hinterhand arbeiten. Wird das vernachlässigt, arbeitet „Lieschen" mit den Hinterbeinen zwar nie hinten heraus, aber doch schon mal ein wenig „sparsam". Nicht aus Faulheit oder Nachlässigkeit, sondern einfach aufgrund ihrer individuellen Anatomie.

DAS EXTREM GROSSE PFERD

Die Größe eines Pferdes hängt unter anderem auch von seiner Rassezugehörigkeit und den damit verbundenen standardisierten Größenvorgaben ab. Im Vergleich zu früher sind aber vor allem die Warmblüter ein wenig größer geworden, einfach, um den vielfältigen Anforderungen des Sports zu genügen. Ein Stockmaß zwischen 1,68 m und 1,70 m ist recht normal, Ausreißer nach oben und unten allerdings auch nicht ungewöhnlich. Isabell Werths Apache misst 1,80 m, Warum nicht FRH sogar 1,83 m. Während bei den kleiner geratenen Pferden häufig – außer dass sie zur Größe ihrer Reiter passen sollten – nicht viel zu beachten ist, bedürfen die sehr groß gewachsenen Pferd schon mal einer besonderen Betrachtung.

Die großen und langen Körperlinien muss ein großes Pferd wie „Büffel" – 1,80 m Stockmaß – erst mal sortieren lernen.

Zunächst sind die meisten XXL-Pferde „späte" Pferde, das heißt, sie brauchen häufig mehr Zeit als gleichaltrige kleinere Pferde, um zur Reife zu kommen. Je größer das Pferd, desto größer ist im Allgemeinen außerdem sein Bewegungsablauf. Einem bergauf gesprungenen und dabei auch noch weit ausgreifenden 60-Meter-Mittelgalopp kann dies bereits beim wenig ausgebildeten Pferd eine gewisse Bedeutung, einen gewissen Ausdruck verleihen – auf einem 20 x 40 Meter

Besonders groß gewachsene Pferde brauchen meist eine längere Lösungsphase.

messenden Dressurviereck oder in einer kleinen, kurzen Wendung im Parcours dagegen schon mal für allerhand Schwierigkeiten sorgen. Bei der Arbeit mit großen Pferden muss deshalb ganz besonders auf die Verfeinerung der Rittigkeit, die Verbesserung von Biegung sowie Schub- und Tragkraft sowie das Erreichen von Durchlässigkeit Wert gelegt werden. Wird dies vernachlässigt, wird aus beeindruckender Größe schnell die Uneleganz eines Baggers.

Größte Fehler: Ein großes Pferd mit mechanischen Hilfsmitteln (Schlaufzügel, Spezialgebisse, Kandare) „schließen" und beherrschen zu wollen, führt meist schnell in eine Sackgasse. Das Gleiche gilt für mangelnde Gymnastizierung.

Tipps: Bei extrem großen Pferden, also solchen, die 1,75 m und mehr messen, sind meist nicht nur die Bewegungen, sondern auch alle Körperlinien groß. Lange Beine, langer Rücken, langer Hals – da muss allerhand Masse aktiviert und kultiviert werden. Vor allem in jungen Jahren führt dies häufig dazu, dass diese Pferde länger brauchen, ihre Balance unter dem Reiter zu finden. Es geht ihnen ein wenig wie Jugendlichen mit Basketballer-Maßen, bei denen während des Wachstums Extremitäten und Körper zwischenzeitlich auch nicht zusammenzugehören scheinen. Erst wenn alles in einem harmonischen Verhältnis zueinander steht, stellen sich bei richtigem Training Bewegungsbalance und Bewegungsharmonie ein.

Wendungen wie Zirkel, Volten oder Schlangenlinien sind gerade für große Pferde ein absolutes Muss.

Im Gegensatz zum Basketballer bringt die Körpergröße dem großen Pferd aber nicht nur Vorteile. Unter dem Sattel muss es nämlich letztlich die gleichen Aufgaben im gleichen Viereck lösen, wie seine kleineren Mitstreiter. Volten, Schlangenlinien, durch den Zirkel wechseln, doppelte-halbe Traversalen – Lektionen, die zwar die Durchlässigkeit eines Pferdes verbessern können, die aber für große Pferde auch deutlich schwieriger zu absolvieren sind. Diesen Umstand darf der Reiter nie aus den Augen lassen. Verzichtet er, weil es ja doch nie richtig klappt, auf „das blöde Gekringel", wird sein Pferd niemals geschmeidiger und ausbalancierter. Verlangt er aber zu viele oder zu kleine Wendungen, überfordert er sein Pferd und provoziert möglicherweise Widersätzlichkeit. Auf das richtige Maß kommt es hier wieder einmal an. Also erst einmal nur 10-Meter-Volten reiten statt 6-Meter-Volten; beim Abbiegen auf die Mittellinie anfangs früher wenden und an den meist größeren Wendekreis denken; zunächst nur drei ganze Schlangenlinien fordern statt vier etc.

Halbe Paraden sollen so fein gegeben werden, dass sich auch das große Pferd selber trägt und die Bewegung weiter durch den Körper fließt.

Auch in der Galopparbeit sind der stete Wechsel von Aufnehmen und Herauslassen sowie das Reiten von Wendungen wichtig, um das Pferd ohne große Muskelkraft des Reiters zur Verbesserung der Tragkraft zu bringen.

Meist brauchen sehr große Pferde auch eine etwas ausgedehntere Lösungsphase. Oft hat man den Eindruck, als ob es einfach ein wenig länger dauert als bei kleineren Pferden, bis die Impulse von der hintersten Zehenecke über die langen Beine durch den Rücken bis ins Gehirn vorgedrungen sind.

Wenn Sie ein solches Pferd haben, gewähren Sie ihm einfach diese längere Lösungphase. Große Pferde sind da manchmal einem Lkw ähnlicher als einem Sportwagen: Zwar mit viel Power ausgestattet, aber nach dem ersten Anlassen noch ein wenig verzögert. Erst wenn Lkw und Pferderiese die richtige Betriebstemperatur haben, kann die größere Kraft zum Tragen kommen, werden auch feinere Manöver möglich. Der Beginn der Lösephase sollte – nach der Einleitung im Schritt – im Trab erfolgen, da der Galopp eine deutlich höhere Beanspruchung der Muskulatur darstellt. Da große Pferde zwangsläufig auch mehr Muskelmasse mitbringen als kleine, sollte der Reiter noch mehr als sonst darauf achten, diesen Muskelberg nicht durch

falsches oder grobes Reiten gegen sich zu bringen. Ist einem normal großen Pferd einmal klar, dass es stärker ist als sein Reiter, hat man bereits Schwierigkeiten, kann diese aber meist durch technisches Geschick lösen. Wird dies aber einem 1,80er-Pferd klar...

Je größer ein Pferd, desto feiner sollte es deshalb auf die reiterliche Hilfengebung, vor allem auf die Zügel- und Schenkelhilfen, abgestimmt sein. Wendungen (nicht zu kleine, nicht zu viele), halbe und ganze Paraden, Rückwärtsrichten, Seitengänge – all dies sind Lektionen, die den Trainingsalltag eines großen Pferdes bestimmen sollten, mehr noch als den eines normal großen Pferdes. Dabei muss der Reiter darauf achten, seine eigene Kraft, wenn er sie denn schon hin und wieder mal einsetzen muss, so gering und selten wie möglich ins Spiel zu bringen. Ansonsten läuft er früher oder später Gefahr, es nicht mehr mit einem kraftvollen Sportpartner, sondern mit einem kräftigen Gegner zu tun zu haben. Und dann macht das Reiten eines großen Pferdes keinen Spaß mehr.

ISABELL WERTH

„Hannes, der ja eigentlich Warum nicht FRH heißt, ist ein vollkommen anderer Pferdetyp als Satchmo. Das einzige, was die beiden verbindet, ist vielleicht ihr großer Bewegungsdrang. Aber das ist schon alles. Hannes ist mit seinen 1,83 m ein ziemlicher Brocken mit all den typischen Eigenschaften, die ein so großes Pferd haben kann. Im Umgang ist er ein Flegel, selbstbewusst, rotzefrech und dabei riesengroß. Unterm Sattel aber ist er ein Hasenherz. All das macht ihn natürlich sehr speziell. Er reagiert ängstlich auf alles, was unter ihm am Boden ist. Manchmal glaube ich, das hat eben mit seiner Größe und mit seinen enorm langen Beinen zu tun. Vielleicht hat er ja Sorge, dass er die in vermeintlichen Gefahrensituationen nicht schnell genug koordiniert bekommt. Auf jeden Fall konnte er sich als junges Pferd da richtig reinsteigern und auch heute kann er noch zögern, wenn ihm am Boden etwas seltsam vorkommt. Es nutzt dann auch nichts, ihn in die Seite zu boxen und ihn zwingen zu wollen, denn dann macht er sofort zu und wird extrem stark. Ich habe gelernt, lieber dreimal tief durchzuatmen und mich selbst zu entspannen, um ihm Ruhe zu vermitteln. Das hilft. Außerdem haben wir eine zeitlang überall ans Viereck und in die Reithalle Blumen und Stühle gestellt sowie Decken und sonstiges Zeugs aufgehängt. Einmal haben wir sogar einen Teppich auf den Boden vor seiner Box gelegt – auf großen Hallenturnieren muss man ja manchmal über solche Böden zum Viereck reiten – und ihm sein Futter in den Trog geschüttet. Obwohl er sehr verfressen ist, hat er sich

Hannes in der Prüfung …

anfangs strikt geweigert, den Teppich zu betreten. Diese ganzen Aktionen haben wir sicher ein knappes Jahr durchgezogen, bis er sich an alles gewöhnt hatte. Hin und wieder müssen wir auch heute noch ein paar Blumentöpfe aufstellen, damit er seinen erworbenen Mut nicht vergisst.
Auch reiterlich ist Hannes durch seine Größe etwas Besonderes. Von all den Pferden, die ich trainiere, ist er sicher das, welches ich am meisten in der Arbeit lang und tief einstelle. Den Arbeitsschwerpunkt mit ihm lege ich auf viele, viele Übergänge. Wenn man seine Konzeption betrachtet, ist er eben ein langliniges Pferd mit langen Beinen, einem langen Hals und großen Körperpartien. Alles passt zwar harmonisch zusammen, muss aber von ihm erst einmal koordiniert werden. Auch was den Muskelaufbau anging, brauchte Hannes seine Zeit – sicher ein Jahr länger als kleinere Pferde –, um zu reifen und auszulegen. All dies sind Dinge, die man in der Arbeit mit einem solch großen Pferd berücksichtigen muss. Lektionstechnisch hat Hannes alles sehr schnell begriffen, aber in seiner Ausführung und in seinem Ausdruck entwickelte er sich noch über Jahre."

...und beim heimischen Training

FEHLSTELLUNGEN DER EXTREMITÄTEN

Zeheneng, zehenweit, kuhessig oder fassbeinig – es gibt so manche Fehlstellung, die auf Dauer oft nicht nur Gelenkerkrankungen wie Arthrose begünstigt, sondern bereits Auswirkungen aufs Reiten haben und leistungsbegrenzend sein kann. Bei der Auswahl eines Pferdes sollte man deshalb auf Fehlstellungen der Beine besonders achten. Hat man bereits ein solches Pferd, gilt es, es entsprechend seiner individuellen Problematik zu arbeiten.

Größte Fehler: Sich über die möglichen (negativen) Auswirkungen der Fehlstellung auf die erhoffte Leistung nicht genügend Gedanken zu machen und das Pferd nach Schema F reiten zu wollen.

Tipps: Wer ein Pferd mit einer Gliedmaßenfehlstellung hat, sollte zur unterstützenden Vorbereitung des Reitens auf jeden Fall mit seinem Tierarzt und seinem Schmied Rücksprache halten. Zwar können auch die keine Wunder bewirken und aus „krummen" Beinen keine geraden machen, doch wissen die Experten, was zu tun ist, um die möglichen Auswirkungen der Fehlstellung so gering wie möglich zu halten. So lässt sich durch einen entsprechenden Beschlag (ähnlich wie bei Einlagen für Menschen) die ein oder andere Problematik entschärfen. Diese Beschlagsveränderung muss allerdings schleichend vorgenommen werden. Verlangt der Pferdehalter nämlich vom Schmied, dem Pferd von jetzt auf gleich die Hufe gerade zu schneiden oder auf einer Seite des Eisens hohe Keile anzubringen, wird er vermutlich wenig später ein lahmes Pferd aus dem Stall holen.
Im Gespräch mit dem Tierarzt sollte auch abgeklärt werden, welche Art der reiterlichen Arbeit positive und welche negative Auswirkungen auf die Gesundheit der Pferdebeine hat. Ein Pferd beispielsweise mit einer steilen und fassbeinigen (also in den Sprunggelenken weit stehenden) Hinterhand sollte nicht über zu lange Zeit in hoher Versammlung und dann womöglich noch in Seitengängen gearbeitet werden. Da hierbei ja eine vermehrte Beugung und eine seitliche Belastung der Hinterbeine erforderlich ist, würde diese Arbeit für ein

derart fehlgestelltes Pferd eine viel höhere Belastung darstellen als für ein korrekt gebautes Pferd. Zu häufiges oder zu langes Üben solcher für eine spezielle Fehlstellung nicht geeigneter Anforderungen führt deshalb zunächst zu einer schnelleren Ermüdung des betroffenen Pferdes und kann dann Widersätzlichkeiten hervorufen, die lediglich Ausdruck eben dieser Überforderung sind. Bedenkt der Reiter das nicht und straft sein Pferd in solchen Momenten, gesellt sich zu der körperlichen Problematik schnell eine psychische hinzu.
Das alles heißt nun aber nicht, dass Pferde mit Fehlstellungen nicht dressurmäßig geritten werden sollten. Im Gegenteil, auch diesen Pferden tut eine gymnastische Grundausbildung gemäß der Ausbildungsskala gut und fördert ihre Gesundheit. Das ist nicht viel anders als bei einem Menschen, der entsprechende Probleme hat – beispielsweise ein etwas kürzeres Bein. Ausgestattet mit einer passenden Einlage oder Schuherhöhung kann und sollte er, in Maßen natürlich, Sport treiben, um fit zu bleiben. Allein schon durch die Stärkung des gesamten Muskelapparates lässt sich manche leichte Fehlstellung besser auffangen als durchs Nichtstun. Als Reiter sollte man allerdings erkennen, in welchem Umfang ein Exterieur-Manko durch Training kompensiert werden kann und ab wann es so leistungsbegrenzend ist, dass ein sportliches Weiterkommen für das Pferd eine nicht zu verantwortbare Belastung darstellt.

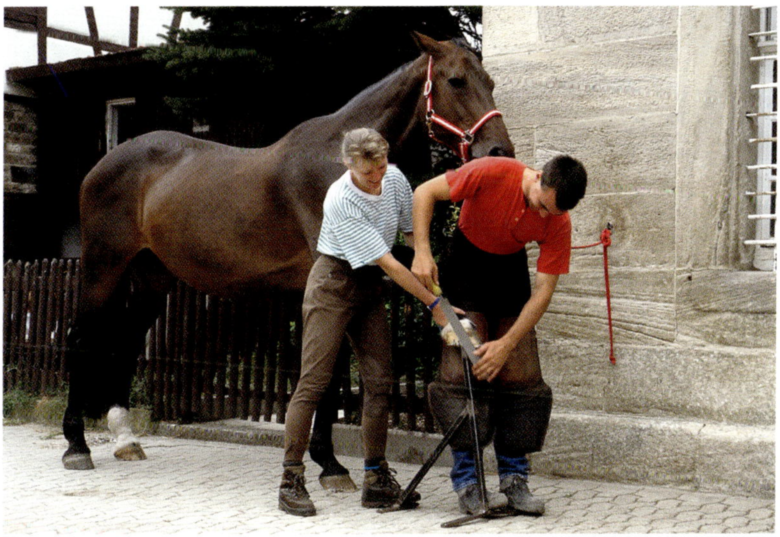

Ein guter orthopädischer Beschlag kann bei Fehlstellungen der Extremitäten Erleichterung bringen.

DER SCHWIERIGE HALS

Länge und Form eines Pferdehalses sagen dem Fachmann schon früh etwas über mögliche Rittigkeitsprobleme und geben Hinweise auf die Art und Weise, wie solche Pferde künftig geritten werden sollten. Denn der Pferdehals hat nicht nur eine optische Bedeutung, er hat vielmehr direkte Auswirkungen auf die Rückentätigkeit. Verbunden sind Kopf, Hals und Rumpf eines Pferdes über drei Muskeln, den Musculus longissimus cervicis und den Musculus spinalis thoracis et cervicis (Halsträger) sowie dem Musculus semispinalis capitis (Kopfträger). Sie unterstützen zusammen das Nackenband. Da das Nackenband an den Dornfortsätzen, die Kopf- und Halsträger unter anderem an den Querfortsätzen und Gelenkfortsätzen der Brustwirbel befestigt sind, wölbt sich der Pferderücken bei langgestrecktem Hals und tiefem Kopf ohne Muskelkraft auf.
Dieser Mechanismus funktioniert am besten bei einem optimal angelegten Pferdehals: nicht zu lang und nicht zu kurz, nach oben leicht gewölbt und sich von der Schulter zum Genick hin verjüngend. Richtig gearbeitet kann sich bei einem derart gebauten Hals auch die obere Halsmuskulatur recht schnell entwickeln. Doch selbst bei einem günstig geformten Hals kann schlechtes Reiten zur Folge haben, dass sich die untere Halsmuskulatur, also der Unterhals, ver-

1 **Korrekt geformter Hals**

2 **Startk ausgebildeter Unterhals**

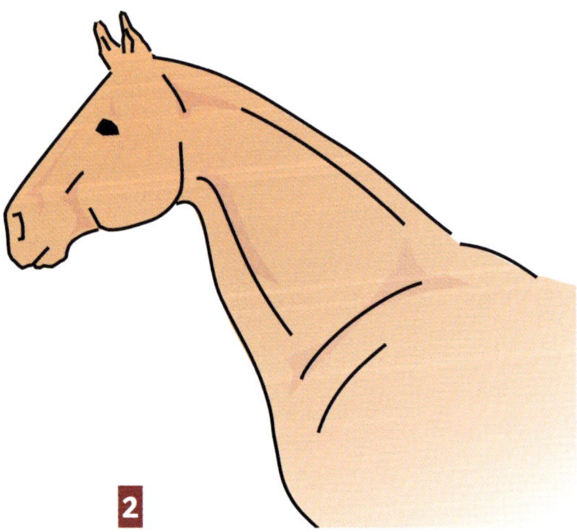

Eher kurze Hälse haben auch Haflinger. Hier trägt die Stute zwar die Stirnlinie vorbildlich ein wenig vor der Senkrechten, stützt aber mit der unteren Halsmuskulatur in diesem Moment noch zu sehr ab.

mehrt aufbaut, was auf Kosten der Durchlässigkeit geht. Darüber hinaus büßt ein starker Unterhals einen Großteil seiner Fähigkeit ein, über das Nacken-Rückenband die Wirbelsäule des Pferdes aufzuwölben. Richtig schwierig kann es werden, wenn der Hals eines Pferdes außerdem sehr kurz oder sehr lang ist (die Länge sollte in einem harmonischen Verhältnis zur Länge des Rumpfes stehen), wenn er sich zum Genick hin nicht verjüngt, wenn er sehr tief an der Schulter angesetzt ist, wie es im Allgemeinen bei einem Hirschhals der Fall ist, oder wenn er einen unnatürlichen Bogen beschreibt wie beim Schwanenhals.

Größte Fehler: Die anatomische Form eines Pferdehalses bei der Suche nach einem geeigneten Pferd zu ignorieren ist ebenso ein Fehler, wie der muskulären (Fehl-)Entwicklung des Halses nicht genügend Bedeutung beizumessen oder zu versuchen, ihr allein mit Zügel- und Handeinwirkung zu begegnen.

Tipps: Natürlich darf man den Hals eines Pferdes nie losgelöst von seinem übrigen Gebäude betrachten. So kann ein Pferd mit einem gering ausgeprägten Problemhals, aber einem ansonsten korrekten Körperbau, durchaus rittig sein und sich bei entsprechender Förderung positiv entwickeln. Trotzdem gibt es ein paar grundsätzliche Vorgehensweisen, die bei den „Halsproblemen“ helfen können.

Der kurze Hals

Pferde mit einem eher kurzen Hals haben oft Schwierigkeiten mit einer sauberen Anlehnung. Häufig sind sie zu eng, das heißt ihre Stirnlinie kommt hinter die Senkrechte. Sollen sie mehr vor die Senkrechte kommen, heben sie sich gern heraus und stützen Schädel und Genick auf ihrem Unterhals ab, gehen in diesem Moment also nicht mehr korrekt durchs Genick und damit auch nicht mehr über den Rücken. Für den Reiter bedeutet das, die Dehnungsbereitschaft – also das natürliche Bestreben des Pferdes, sich vorwärts-abwärts ans Gebiss heranzudehnen – vermehrt zu fördern. Auch dies geht, wie beinahe alles in der klassischen Reiterei und sehr ähnlich wie bei extrem langen Pferden, am besten durch das Reiten von Übergängen und halben Paraden. Richtig ausgeführt sucht ein Pferd genau im Moment dieser halben Paraden mit leicht gewölbtem Hals das Gebiss.

1 **Durch Biegearbeit wie hier im (etwas zu viel abgestellten) Schulterherein im Wechsel mit…**

2 **…vielen halben Paraden lässt sich auf Dauer der kurze Hals optisch verlängern.**

Ebenfalls hilfreich, vor allem bei Pferden, die ihr Genick auf dem Hals aufstützen statt es fallen zu lassen, ist das Reiten von Wendungen, vor allem Volten, Achten und Schlangenlinien sowie Schulterherein und Travers. Diese Biegearbeit bei vermehrtem Einsatz des inneren Schenkels bringt das Pferd auch dazu, im Genick nachzugeben und dabei den Hals fallen zu lassen und damit zu dehnen. Zwar wird der kurze Hals dadurch nicht wirklich länger, aber er wirkt länger, weil er in einem anderen Winkel aus der Pferdeschulter herausstrebt. Stangen- bzw. Cavalettiarbeit (siehe S. 97) eignen sich ebenfalls sehr gut dazu, die Dehnungsbereitschaft eines Pferdes zu fördern.
Ob man auf dem richtigen Weg ist, lässt sich durch das „Zügel-aus-der-Hand-kauen-lassen“ überprüfen, bei dem sich das Pferd bei gleichbleibendem Takt und Tempo vorwärts-abwärts an den Zügel herandehnen soll.

Als beste Kontrolle dient dabei das Vowärts-abwärts-Dehnen.

Der lange Hals

An und für sich ist ein langer Pferdehals nicht grundsätzlich problematisch, da er – und das ist positiv – genügend Raum für Muskulatur bietet. Wird die aber nicht kontinuierlich richtig aufgebaut, kann ein langer Hals auch ein sehr schwieriger Hals werden. An seinem Ende hängt immerhin der recht schwere Pferdekopf (ca. 20-30 kg), der vom Pferd über das Nackenband frei getragen werden soll. Ein Pferd mit einem langen, dünnen und kaum bemuskelten Hals wird versuchen, im Zügel eine Unterstützung zu finden. Dabei rollt es sich entweder nach unten-hinten ein (Kinn Richtung Brust) oder aber es bleibt oben, kippt aber mit dem Schädel ab und setzt, gehalten von Reiterhand und Zügel, die Muskulatur rund um seinen dritten, vierten Halswirbel ein. Der „falsche Knick" entsteht.

In beiden Fällen ist die Anlehnung fehlerhaft und es ist schwierig, sie wieder korrekt herzustellen. Dies hat verschiedene negative Auswirkungen. So kann es weder zu einer optimalen Rückenaufwölbung kommen, noch werden die in der Arbeit so vielfältig wichtigen Übergänge fließend gelingen.

Ein langer Pferdehals muss folglich sorgsam gekräftigt werden, damit er seine Aufgaben auch erfüllen kann. Diese Kräftigung kann anfangs nur über eine konsequente, möglicherweise auch längere Einhaltung von Dehnungsarbeit entstehen. Ohne Dehnung keine Kräftigung! Erst nach und nach wird der Pferdehals dann, zunächst über kurze Reprisen, später etwas länger andauernd, mehr „nach oben" gestellt. Dabei ist ganz besonders wichtig, in den Aufwärtsparaden nicht mit fester Hand hängen zu bleiben und dem Pferd so eine Stütze zu bieten, sondern die Hand genau in dem Moment leicht werden zu lassen, in dem das Pferd sich selbst trägt – und sei es auch nur ein paar Sekunden lang.

In diesem Augenblick des „Selbsttragens" leistet die obere Halsmuskulatur, vor allem dort, wo sie die Verbindung mit dem oberen Teil des Schulterblatts eingeht, Haltearbeit und wird auf diese Weise nach und nach gekräftigt. Der lange Hals bekommt so quasi eine breitere, stärkere Basis, die ihm das Tragen des Schädels auch in der gewünschten Aufrichtung mit dem Genick als höchstem Punkt erleichtert. Bei leichter Reiterhand lernt das Pferd auf diese Weise, dass es keine Zügel-Stütze braucht. Es „trägt sich".

Ob die Entwicklung der Halsmuskulatur auf dem richtigen Wege ist, lässt sich bei fast allen Pferden leicht vom Sattel aus erkennen: Ist, bei leicht anstehendem Zügel, der aus Schulter und Widerrist hervorgehende Teil des Halses von oben gesehen beinahe genauso breit oder sogar breiter als der dem Kopf nähere, ist alles in Ordnung, der Hals ist korrekt entwickelt. Ist dagegen der Hals in Schulternähe viel schmaler als in Genicknähe oder ist er sogar zusätzlich im Bereich des dritten, vierten Halswirbels besonders breit, dann stimmt etwas nicht. Hier muss, um weitere Probleme zu verhindern, wieder der Schritt zurück zur Basisarbeit gemacht werden: Vorwärts-abwärts-Dehnungshaltung in Verbindung mit Übergängen, Übergängen, Übergängen.
Geduld ist angesagt, denn einmal fehlentwickelte Muskulatur lässt sich nicht in ein paar Tagen verändern. Stattdessen sind hier Wochen und Monate nötig, bevor an weiterführende Arbeit gedacht werden kann.

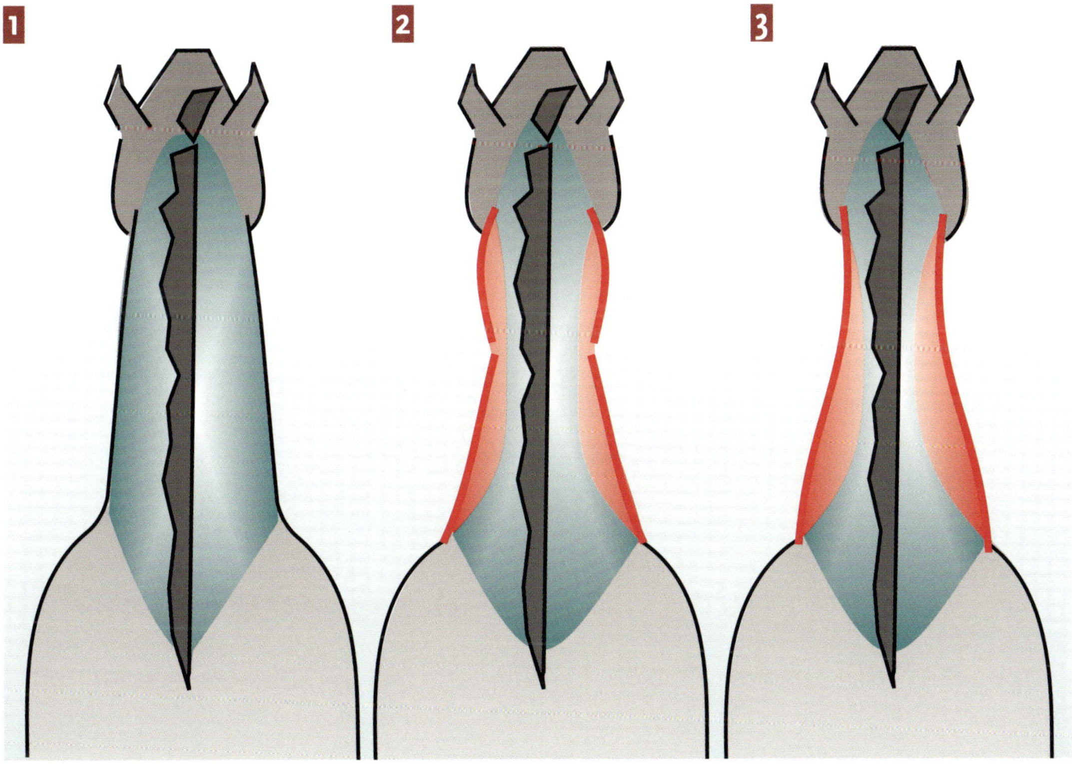

1 Korrekt: Die Hauptarbeit wird von der tragenden Muskulatur des oberen Halses unter dem Mähnenkamm geleistet.

2 Falsch: Die obere Halsmuskulatur ist wenig entwickelt, die untere Halsmuskulatur dafür umso mehr, ebenfalls die Muskulatur im Bereich des dritten Halswirbels.

3 Falsch: Wenig entwickelte obere Halsmuskulatur, stark entwickelter Unterhals

Der Schwanenhals

Diese besondere Halsform kommt im Allgemeinen bei eher langen Hälsen vor. Während sie in allen modernen Sportpferdezuchten als Makel gilt, gehört sie bei einigen Rassen wie Araber, Orlow-Traber oder auch Friesen zum gewünschten Erscheinungsbild. Der Schwanenhals, meist hoch angesetzt, bringt alle Nachteile des extrem langen Halses (siehe S. 122) mit sich. Außerdem neigen diese Pferde, abhängig von der Ausprägung des Halses, oft zu weiteren Anlehnungsschwierigkeiten wie nach oben Herausdrücken oder Hochschlagen (häufig bei Arabern zu beobachten) oder aber den Hals wie eine Zieharmonika zusammenschieben (ein Problem vieler Friesen). Für Pferde mit Schwanenhälsen gilt es, dem Skala-Punkt Anlehnung die größte Aufmerksamkeit zu widmen und dazu die Dehnungsarbeit massiv in den Vordergrund zu stellen, um den Hals zum „Fallenlassen“ zu bringen. Dabei darf allerdings nicht vergessen werden, dass die Halsform angezüchtet und damit nur bedingt durch Reiten veränderbar ist.

Der Hirschhals

Wie der Name schon sagt, dieser Hals sieht aus wie bei einem Hirsch: tief angesetzt, nach unten gebogen mit einer stark ausgeprägten Unterhalsmuskulatur. Für die Dressurreiterei ist dies sicher eine der diffizilsten Halsformen und schlecht bis gar nicht in den Griff zu bekommen. Pferde mit Hirschhälsen haben sehr oft mit ganz grundsätzlichen Rittigkeitsmängeln zu kämpfen. Sie können das Reitergewicht schlechter ausgleichen, da ihnen das Vorwärts-Abwärts und damit die Aufwölbung des Rückens schwer fällt. In der Folge kann es zu Taktstörungen kommen, zu Problemen mit einer gleichmäßigen Anlehung und in diesem Zusammenhang dann früher oder später auch zu Verspannungen, sprich die Losgelassenheit leidet.
Da es aber bei einem solchen Pferd, selbst bei optimalem Zusammenspiel von Hand, Kreuz und Schenkel, manchmal sehr schwierig sein kann, den Hals zum „Fallenlassen“ zu bringen, kann hier der Einsatz von Hilfszügeln sinnvoll sein. Am ehesten eignen sich für den Hirschhals-Typ Dreieckszügel, da sie den Pferdehals nach oben

begrenzen und gleichzeitig Dehnung nach vorwärts-abwärts erlauben und fördern. Kommt das Pferd in der Tiefe zum Nachgeben, sollten wieder viele halbe Paraden und Wendungen abgefragt werden. Erst wenn bei diesen Übungen in der Tiefe der Hilfszügel über längere Zeit durchhängt, ist es angeraten, auf ihn zu verzichten. Anfangs am besten nur zum Ende der Arbeit, dann nach und nach über einen längeren Zeitraum.
Zwar lässt sich durch ganz korrekte und intensive „Rückenarbeit" der Hals ein wenig umformen, kann der Unterhals etwas abgebaut und die obere Halslinie etwas aufgebaut werden, so dass rein optisch ein solcher Hals fast „normal" wirkt – die grundsätzliche Anatomie des Hirschhalses lässt sich aber nicht ändern. Die Probleme bleiben bestehen, wenn auch vielleicht ein wenig abgeschwächt.
Das Thema Durchlässigkeit, also die angestrebte Essenz aus allen Teilen der Ausbildungsskala, wird immer wieder von neuem erarbeitet werden müssen, viel mehr noch, als bei anderen Anatomie-Typen. Aus diesem Grund kann es Sinn machen, den Hirschhals-Typ in der Arbeit häufig tiefer im Hals einzustellen als Pferde ohne diese anatomische Charakteristik.

Der Bretthals

Mit Bretthals wird ein Hals bezeichnet, dem die gewünsche Wölbung des Oberhalses im Bereich des Mähnenkamms fehlt. Diese Halsform kann angeboren, aber auch angeritten sein. Im Seitbild soll ein Pferd ja über eine sanft geschwungene Oberlinie verfügen. Bei Pferden mit einem Bretthals ist diese Linie, zumindest zwischen Genick und Widerrist, nicht geschwungen, sondern gerade – eben wie ein Brett. Solche Pferde sind im allgemeinen schwieriger durchs Genick zu reiten. In der Folge leiden sämtliche Punkte der Ausbildungsskala, allen voran der Takt und die Anlehnung. Richtig und sorgfältig gymnastiziert lässt sich diese Halsform allerdings verbessern, sobald sich die obere Halsmuskulatur stärker ausbildet.

Größte Fehler: Den Hals mit der Reiterhand so einzuspannen, dass das Pferd die Stirnlinie zwar an die Senkrechte nimmt und scheinbar „am Zügel" geht, dabei aber nicht von hinten nach vorn durchs Genick arbeitet, denn dies verstärkt auf Dauer den Bretthals und vernachlässigt die Hinterhandarbeit. Im Gegensatz zum korrekt geschwungenen Hals kann dieser Muskelaufbau aber längere Zeit in Anspruch nehmen.

Tipps: Auch wenn der Klassiker unter den Lesern nun die Hände über dem Kopf zusammenschlägt, rate ich doch, Pferde mit Bretthals in der Arbeit tiefer, ja sogar enger einzustellen als normal, selbst wenn sie dabei hinter die Senkrechte kommen.
Warum? Ganz einfach: Beim angeborenen oder angerittenen Bretthals (dieser entsteht, wenn das Pferd nie richtig durchs Genick geht und mit der Zeit die obere Halsmuskulatur abbaut) hat das Pferd Schwierigkeiten, seinen Hals aufzuwölben. Stattdessen mogelt es, indem es nur den Kopf runter nimmt. Auf den ersten Blick steht das Pferd am Zügel, sogar sein Genick ist höchster Punkt. Dabei verkürzt sich aber die obere Halsmuskulatur, der Widerrist bleibt unten, der Rücken arbeitet nicht mit, verspannt sich, wird fest, die Bewegungen gehen nicht mehr durch den Körper.
Ziel muss es nun sein, den Hals zur Wölbung zu bringen und auch an diese Wölbung zu gewöhnen, und zwar sowohl in der Tiefe als

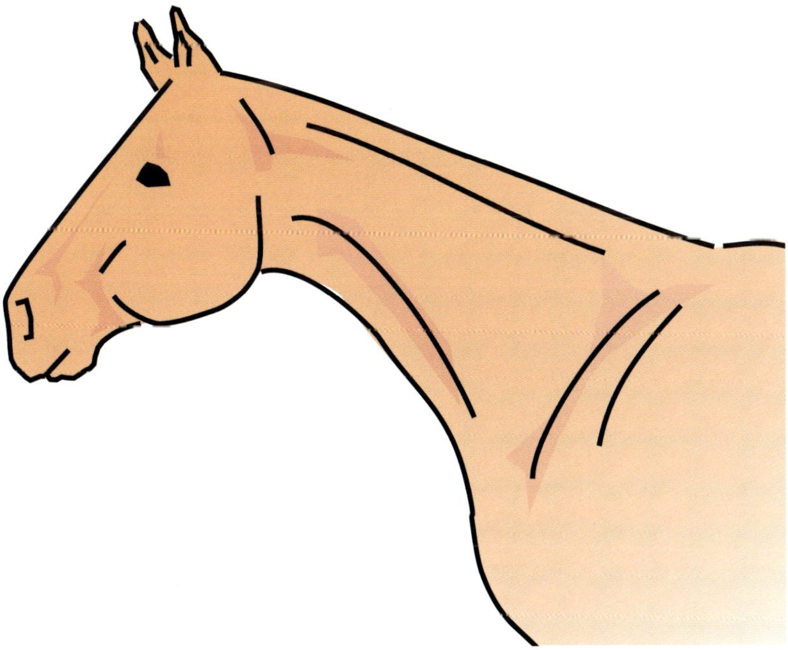

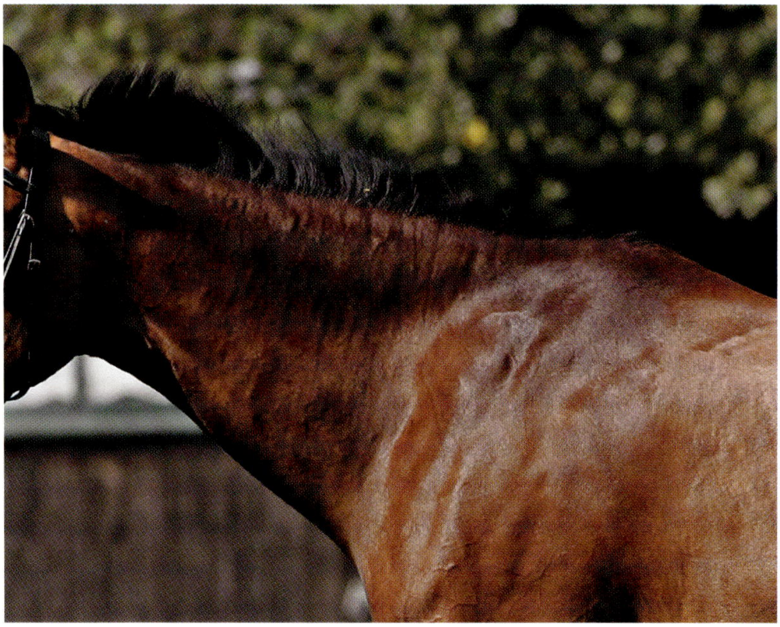

Typischer Bretthals: normal angesetzt, jedoch mit gerader Oberlinie und zu stark ausgebildeter Unterhalsmuskulatur.

auch bei höherer Halseinstellung. Erst dann können über das Nacken-Rückenband die Wirbel von Widerrist und Brustwirbelsäule überhaupt erst erreicht und nach vorn aufgerichtet werden – die Grundlage für die Mitarbeit des Rückens.

Je häufiger das Pferd dabei tiefer eingestellt wird, desto mehr wird dabei auch seine obere Halsmuskulatur gedehnt – das ist die Voraussetzung für den Aufbau und die Kräftigung eben dieser Muskeln. Auf diese Weise vorgedehnte und erwärmte Muskulatur hat eine verbesserte inter- und intramuskuläre Koordination (= Zusammenspiel zwischen den Muskeln und Zusammenspiel der motorischen Einheiten innerhalb eines Muskels) und eine geringere innere Reibung und kann daher mehr Kraft entfalten. Kraft, die das Pferd im Hals benötigt, um seinen Schädel möglichst anmutig zu tragen und dabei seinen Rücken aufzuwölben.

Ist der Griff zum Hilfszügel unumgänglich, weil der Reiter trotz aller gymnastizierenden Arbeit nicht durchkommt und sich das Pferd nicht mehr sauber durchs Genick reiten lässt, bietet sich für Bretthals-Pferde – immer vorausgesetzt, dass keine orthopädisch relevante Wirbelerkrankung vorliegt – der vorübergehende Einsatz von Ausbindern an. Richtig verschnallt (also nicht zu lang, nicht zu kurz) helfen sie dem Pferd bei der Wölbung des Halses. Ein Dreickszügel böte hier dem Pferd zu sehr die Möglichkeit, seinen Hals nur nach unten „sacken“ zu lassen, statt ihn gewölbt in der Tiefe zu tragen, und ist deshalb für solche Fälle meist weniger geeignet.

Schlaufzügel sollten – einmal mehr – für diesen Exterieur-Typ nicht verwendet werden, da sich auch hier das Pferd nur in den Zügel hängt, statt wölbt.

Wichtig beim Einsatz des Ausbinders ist jedoch, dass der Reiter genauso arbeitet, als würde er ohne Hilfszügel reiten. Das heißt: halbe Paraden, Übergänge, Wendungen – eben alle Lektionen einbauen, die die Durchlässigkeit verbessern.

Im Verlauf der Arbeit soll der Ausbinder durchhängen, wobei das Pferd, wie schon erwähnt, ruhig ein wenig zu eng im Hals werden darf. Ein Pferd mit einem Bretthals später dann bei Bedarf wieder vor die Senkrechte einzustellen, ist im Allgemeinen mit Hilfe einer kleinen Aufwärtsparade kein Problem.

Um die korrekte Länge der Ausbinder zu kontrollieren, stellt man sich vor das Pferd und hebt dessen Kopf an. Er soll dabei bis zur Senkrechten kommen können, nicht aber darüber.

SENKRÜCKEN UND KARPFENRÜCKEN

Beide Rückenformen gelten als nicht unproblematisch, da ja gerade der Rücken als das Bewegungszentrum des Pferdes bezeichnt wird. Beim Senkrücken hängt der Rücken nach unten durch (Lordose) und ist weniger belastbar, beim Karpfenrücken (Kyphose) ist er im hinteren Teil des Rückens unmittelbar vor der Kruppe unnatürlich nach oben gebogen und weniger flexibel. Echte Lordosen und Kyphosen sind angeborene Missbildungen, kommen aber selten vor. Sind sie von nur geringer Ausprägung, muss man sich als Reiter auch keine allzu großen Gedanken machen. Dass man trotzdem recht häufig durchhängende oder auch hinterm Sattel karpfenartig aufgewölbte Oberlinien sieht, hat andere Gründe. Einen Senkrücken können vor allem Zuchtstuten im Laufe der Jahre entwickeln, da mangels Training ihre Rückenmuskulatur die Wirbelsäule, vor allem unter dem Gewicht fortgeschrittener Trächtigkeiten, nicht mehr oben hält. Sehnen und Bänder leiern aus, der Rücken senkt sich dauerhaft ab. Auch durch falsches Reiten kann bei Pferden, die zu einem „weichen" Rücken neigen, ein Senkrücken entstehen und sich im Laufe der Jahre manifestieren. Ähnliches gilt für den angerittenen Karpfenrücken, obwohl dieser kein knöchernes Problem (wie beim angeborenen) ist,

Der Wallach hat einen leichten Senkrücken – nicht problematisch, aber doch so, dass in der Arbeit auf die Rückenhebung besonderer Wert gelegt werden muss.

Fürs Foto provoziert: Bei nicht reell aufgerichtetem Hals lässt das Pferd deutlich sichtbar den Rücken durchhängen, die Hinterbeine schluffen schwunglos nach hinten heraus und verstärken somit die Rückensenkung nach unten.

sondern ein Weichteilproblem. Vor allem bei über reiterliche Kraft oder den Einsatz von Schlaufzügeln zusammengzogenen Pferden und eine damit einhergehende dauerhafte Verkrampfung der Rückenmuskulatur entwickelt sich hinter dem Sattel häufig eine wahre Muskelbeule, die optisch an einen leichten Karpfenrücken erinnert. Beides, angerittener Senkrücken und angerittener Karpfenrücken, beeinträchtigt sämtliche Punkte der Ausbildungsskala und verhin-

1 Mit Hilfe eines Dreieckszügels wird das Pferd dazu gebracht, den Hals wieder mehr fallen zu lassen, der Rücken kommt hoch, die Hinterhand fußt unter, sowohl auf der Geraden …

2 … als auch sehr schön in der Wendung.

dert vor allem das losgelassene Durchschwingen der Bewegungen über den Rücken und erschwert somit vor allem im Trab einen ausbalancierten Reitersitz.

Größte Fehler: Die Negierung solcher Probleme und das „weiter Reiten wie gehabt" ist sicher der größte Fehler, den man als Reiter machen kann, da dies zu schwerwiegenden gesundheitlichen Schwierigkeiten beim Pferd führen kann.

Tipps: Egal, ob sich der Pferderücken durch falsches Reiten abgesenkt oder hinter dem Sattel verkrampft hat, sollte man nicht nur einen, sondern zwei und drei Schritte zurückgehen und so tun, als habe man ein junges Pferd unter dem Sattel.
Das heißt: frisches Tempo nach vorn, viel Leichttraben, Tempounterschiede (halbe Paraden) abfragen, große Wendungen reiten und dabei vermehrt nach vorwärts-abwärts arbeiten (bei Bedarf anfangs mit Hilfe eines Dreieckszügels).
Der durchhängende Rücken wird auf diese Weise über den aufrichtenden Zug des Nacken-Rücken-Bandes nach und nach wieder angehoben, und auch die muskuläre Verkrampfung des „Pseudo-Karpfen-

Dasselbe Pferd nach vorübergehendem Einsatz des Dreieckszügels: Die Rückenwölbung in Trab und Galopp ist deutlich verbessert, ebenso der Vortritt der Hinterbeine.

rückens" gelöst und damit aufgelöst. Diese Art der Arbeit kann aber, je nach Ausprägung der antrainierten Fehlentwicklung, Wochen und Monate, manchmal sogar noch längere Zeit in Anspruch nehmen. Zusätzlich zur Arbeit unter dem Sattel bietet sich in solchen Fällen auch ausgiebiges Longieren (ruhig zwei-, dreimal die Woche), Springgymnastik sowie Physiotherapie an.

DAS „FEHLERPFERD"

Traurig, aber wahr: Es gibt Pferde, an deren Gebäude so gar nichts stimmt. Großer Kopf, keine Ganaschenfreiheit, Hirsch- oder Schwanenhals, steile Schulter, langer Karpfen- oder Senkrücken, kurze Kruppe, steile Hinterhand und krumme Beine – ein solches Pferd eignet sich eigentlich zu gar nichts. Allenfalls zum Liebhaben, falls es über einen angenehmen und freundlichen Charakter verfügt.

Größte Fehler: Der Versuch, aus einem Fehlerpferd ein Reit- oder sogar Sportpferd machen zu wollen. Denn das führt nur zu Frust – bei Reiter und Pferd.

Tipps: Lassen Sie, wenn möglich, von einem derartig verbauten Pferd die Finger. Selbst fürs entspannte hobbymäßige Geländereiten ist ein solches Pferd kaum geeignet, denn es fehlt hier – allein schon durch den falsch angesetzen Hals – die für die Sicherheit so notwendige Grundrittigkeit.

Alle „Das krieg ich schon hin"-Gedanken sind fehl am Platze, denn gegen mannigfaltige anatomische Mängel ist kein Kraut gewachsen, kann selbst der beste Reiter und das leistungsbereiteste Pferd nichts ausrichten.

Und selbst wenn das arme Fehlerpferd ganz billig angeboten oder gar geschenkt wird, ist's kein Geschäft. Einmal im Stall kostet es jeden Monat mindestens genauso viel wie ein weniger problematisches Pferd. Und früher oder später werden sich vermutlich durch die mannigfaltigen Exterieurprobleme noch gesundheitliche Schäden einstellen, die die Kosten weiter hochtreiben.

GESCHLECHTER-TYPEN

Britta Schöffmann und La Picolina

HENGST, WALLACH ODER STUTE?

Eine Frage, die sich so mancher stellt, der auf der Suche nach dem für ihn optimalen Reitpferd ist. Die Antwort darauf sollte sehr sorgsam abgewägt werden, denn die charakterlichen Unterschiede zwischen den Geschlechtern können groß sein. Am unkompliziertesten sind im allgemeinen Wallache, doch auch hier gibt es immer Ausnahmen von der Regel. Im Folgenden sollen die typischen Unterschiede dargestellt werden – allerdings ohne Anspruch auf Allgemeingültigkeit.

WALLACHE

Da viele Wesenszüge auch vom Hormonstatus eines Lebewesens beeinflusst werden, haben Wallache mit geschlechtstypisch hormonellen Charakter- und Gemütsschwankungen eher weniger zu tun. Zwar verfügt auch der Wallach über Geschlechtshormone, doch sinkt

Wallache gelten als unkomplizierter als Hengste und Stuten.

mit der Kastration die im Blutplasma bzw. -serum nachweisbare Hormon-Konzentration im Vergleich zum Hengst deutlich ab und bleibt dann auf einem sehr niedrigen Niveau. Statt von seinen Hormonen ist das Wesen eines Wallachs daher meist ausschließlich von seinem Charakter abhängig und von Hormonschwankungen eher unbeeinflusst. Wallache gelten deshalb als unkomplizierter als Hengste und Stuten. Doch wie bereits erwähnt, gibt es auch hier Ausnahmen.

Größter Fehler: Wallach-typische Fehler im Umgang mit kastrierten Pferden gibt es eigentlich nicht. Zwar wird Wallachen oft nachgesagt, sie seien weniger sensibel als Stuten und Hengste, doch dies ist wohl ein Vorurteil. Unsensibilität oder Sturheit sind Charaktermerkmale, die eher geschlechtsunabhängig sind, sondern vielmehr angeboren oder anerzogen.

Tipps: Ohne spezifische Probleme keine besondere Lösung. Vielleicht nur der Hinweis, dass beim Auftauchen von Schwierigkeiten eher nach reiterlichen Mankos oder charaktertypischen Eigenheiten des Pferdes geforscht werden sollte.

HENGSTE

Der typische Hengst ist in großen Zügen das Ergebnis seiner Hormone, manchmal auch ihr Sklave. Je nach Ausprägung neigen Hengste zu Machogehabe und Dominanz. Dies ist keine Frechheit oder Ungezogenheit dem Menschen gegenüber, Hengste sind von der Natur dafür angelegt, dominant zu sein und ihren Willen durchzusetzen. Denn nur so können sie sich in freier Wildbahn gegen ihre Konkurrenten behaupten und ihre Gene an die nächsten Generationen weitergeben. Das macht den Umgang mit ihnen und auch das Reiten sehr speziell.
Auf der einen Seite macht ein Hengst mit seinem mächtigen Hals, seinem meist glänzenden Fell und seinem Imponiergehabe an der Hand und unter dem Sattel mächtig Eindruck. Auf der anderen Seite kann gerade dieses Gehabe und der starke Wille den täglichen Um-

Durch ihr Imponiergehabe können Hengste bereits beim Umgang am Boden unberechenbar sein. Handschuhe sollten deshalb immer getragen werden!

gang mit einem Hengst äußerst aufwendig bis hin zu gefährlich gestalten. Aus diesem Grund eignen sich Hengste für unerfahrene Pferdemenschen im allgemeinen nicht!

Größte Fehler: Im Umgang mit oder beim Reiten von Hengsten zu viel Nachsicht gewähren zu lassen kann ebenso fatal sein, wie zuviel Zwang und Druck auszuüben. Auch ist es falsch, das Imponiergehabe eines Hengstes unter dem Sattel mit Versammlung zu verwechseln. Wer dies tut, läuft Gefahr, dass sich beim Pferd mehr und mehr Spannung aufbaut, die sich dann auch mal schnell unliebsam entladen kann.

Tipps: Ein allgemein gültiges „Reit-Rezept“ für Hengste gibt es nicht, ebensowenig wie für alle anderen Pferde. Hengste sind jedoch besonders vielschichtige Persönlichkeiten, da sie eben nicht nur durch ihren individuellen Charakter und ihre Anatomie, sondern zusätzlich in erheblichem Maße von ihrem Hormonstatus geprägt sind. Doch gibt es ein paar Grundsätze, die beachtet werden sollten. Der sicher wichtigste: In der Arbeit mit Hengsten sollte die Grenze zwischen Sieg und Niederlage nie überschritten werden, sollte es nie einen Gewinner und damit auch nie einen Verlierer geben. Das mag kompliziert und sehr theoretisch klingen, ist es aber nicht. Es geht vielmehr darum, zwischen Hengst und Reiter eine Art gegenseitig respektierte Partnerschaft zu erreichen, in der vielleicht mal der eine Oberwasser hat, mal der andere, in der unterm Strich aber letztlich keiner sein Gesicht verliert.

An und für sich gilt das für den Umgang und die Arbeit mit allen Pferden, doch nur Hengste stellen diese Art des Zusammenlebens mit Menschen immer wieder aufs Neue in Frage. Das ist kein böser Wille, das ist ihre Natur. Aus diesem Grund sollten bereits unerwünschte Kleinigkeiten im Umgang mit ihnen im Keim erstickt werden. Den Menschen bzw. dessen Jacke anknabbern, beim Führen Strick oder Zügel zwischen die Zähne nehmen, sich ziehen lassen, Herumtänzeln, sich übermäßig für andere Pferde interessieren – all das sind Dinge, die nicht toleriert werden sollten, da sie ein Zeichen dafür sind, dass der Hengst den Menschen gerade austestet, um dann irgendwann ganz das Ruder zu übernehmen. Wer sich als Mensch hier schon ins zweite Glied drängeln lässt, wird auch beim Reiten eines Hengstes früher oder später Probleme bekommen. Konsequenz bereits im Umgang vom Boden aus muss folglich tagtäglich praktiziert werden. Je nach Charakterstärke des Hengstes heißt das: Jacken-Knibbelei und Zügelkauen mit einem abwehrenden Schlag mit der Hand bestrafen, Herumtänzeln oder Stürmen notfalls mit Hilfe einer Führkette unterbinden etc. Dabei darf die menschliche Einwirkung nie brutal sein, allerdings ruhig energisch bis derb, denn Hengste gehen untereinander auch nicht zimperlich um.

Das gleiche gilt für die Arbeit vom Sattel aus. Viele Hengste, selbst die braven und eher unproblematischen, neigen dazu, zwischendurch mal weniger, mal mehr ihre Dominanz präsentierten zu wollen. Das kann sich in einem hengstigen Röcheln beim Passieren anderer Pferde äußern, in kleinen Bocksprüngen, in nach der Schenkel- oder Gertenhilfe ausschlagen, in ungewollten fliegenden Galoppwechseln und ähnlichem. Kleine Tests eben, mit denen der Hengst

KARIN REHBEIN

„Mein bekanntester Hengst war auf jeden Fall Donnerhall. Er war ganz außergewöhnlich und eigentlich nur lieb. Das galt aber nicht unbedingt für die anderen Hengste, die ich im Laufe der Jahre geritten habe. Inzwischen tendiere ich deshalb eher dazu, mit Wallachen oder auch Stuten zu arbeiten. Ein Hengst neigt schon mal dazu, seinen eigenen Kopf durchsetzen zu wollen. Damit man weiterhin mit ihnen klar kommt, muss man von Anfang an darauf achten, sich durchzusetzen. Ein bisschen unterordnen müssen sich Hengste nämlich schon, sonst kann es massive Probleme geben. Vor allem wenn Hengste sowohl im Sport gehen als auch in der Zucht eingesetzt werden, kann es schwierig werden, beides unter einen Hut zu bringen. Es gibt wohl nur wenige Hengste im Dressursport, die damit klar kommen. Donnerhall war so ein Hengst, er konnte unterscheiden zwischen Deckgeschäft und Dressurarbeit. Er kam als Absatzfohlen zu uns und war von Anfang an unkompliziert. Er hat nie ausgetestet, wer das Sagen hat. Nur die Gerte, die hat er gehasst und das mit energischem Ausschlagen auch deutlich gezeigt. Nektar dagegen, ein Hengst, den ich ebenfalls auf Turnieren vorgestellt habe, wurde schließlich gelegt, weil er mit seinen Hengstmanieren jede Prüfung schmiss. Auch Cappuchino lässt sich im Viereck schon mal gerne ablenken. Eine zeitlang waren Hengste richtig in Mode gekommen, aber das ist vorbei. Ich denke auch, dass ein Hengst, der nicht gekört ist und nicht deckt, im Allgemeinen ein besseres Leben als Wallach führt und auch für den Reiter unproblematischer ist."

Karin Rehbein und der unvergessene Donnerhall

DER TUT NIX

Eine zeitlang schien es geradezu modern, sich einen Hengst als Reitpferd zu halten. Und vor allem bei Friesen- und P.R.E.-Fans scheint das Hengst-Reiten beinahe zum guten Ton zu gehören. Dabei mag aus züchterischer Sicht der sportliche Einsatz von Hengsten durchaus Sinn machen. Für Otto-Normalverbraucher stellt sich allerdings die Frage, ob eine Stute oder ein Wallach nicht sinnvoller sind. Denn selbst der bravste Hengst kann irgendwann in eine Situation kommen, in der er meint, seine Dominanz ausspielen zu müssen. Oder in der seine Hormone einfach die Oberhand bekommen. Das sollte jedem, der mit Hengsten zu tun hat, immer gegenwärtig sein – allein der Sicherheit wegen.

seinen Reiter prüft. Lässt man dies durchgehen, bekommt der Hengst sehr schnell die Oberhand und beginnt, auf diese kleinen Ungehorsamkeiten so lange noch eins draufzusetzen, bis sich nach und nach ernsthafte Autoritätsprobleme entwickeln.

Ganz wichtig ist es deshhalb auch beim Reiten von Hengsten, diese kleinen Frechheiten zu verhindern und notfalls zu bestrafen. Eine leichte Gertenhilfe (Gertenhilfe, nicht Gertenprügel!) zum Beispiel muss ein Pferd akzeptieren, ohne gleich eine ungehorsame Antwort parat zu haben. Reagiert das Pferd mit verärgertem Ausschlagen, sollte der Reiter gleich eine weitere Gertenhilfe folgen lassen. Notfalls noch eine. Das letzte Wort in solch kleinen Auseinandersetzungen sollte immer der Reiter haben.

Doch Vorsicht: Derartige „Diskussionen“ sollten niemals in offenen Krieg zwischen Reiter und Hengst ausarten. Wer es nämlich einmal soweit kommen lässt, läuft Gefahr, zu verlieren – selbst, wenn er auf den ersten Blick gewonnen hat. Wie das? Gewinnt der Hengst einen kritisch gewordenen Streit, wird er seinen Reiter künftig nicht mehr als Chef und auch nicht mehr als Partner akzeptieren, ihn also nicht mehr ernst nehmen. Eine unerfreuliche und manchmal sogar riskante Position für die weitere Zusammenarbeit. Verliert der Hengst einen ausartenden Streit, sind mindestens zwei Folgen möglich: Entweder der Hengst ist gebrochen und verliert seinen Glanz, seine Ausstrahlung. Oder er wird zum unberechenbaren Menschenhasser. Beide Möglichkeiten machen sowohl Pferd als auch Reiter zum Verlierer.

Während meiner Reiterlaufbahn hatte ich es mit den unterschiedlichsten Hengsten zu tun, darunter vor vielen Jahren mit einem sehr hübschen und begabten Hengst, den ich eher spielerisch vom Jungpferde-Niveau bis zum ersten Inter-II-Sieg und einigen Grand-Prix-Platzierungen brachte. Kleine Ungehorsamheiten hatte „Maneken“, so sein Spitzname, auf diesem Weg immer auf Lager, von zehn Turnieren war er acht unschlagbar, bei zweien alberte er rum und baute an allen möglichen und unmöglichen Stellen fliegende Galoppwechsel und ähnliche Frechheiten ein. Unser Verhältnis war freundschaftlich-partnerschaftlich, hin und wieder bekamen wir Streit – aber es gab dabei eben nie einen Verlierer. Bis zu dem Zeitpunkt, an dem ich – in gutem Glauben und aus reiterlicher Bescheidenheit – einen bekannten „Top“-Ausbilder hinzuzog, der mir bei den Feinheiten vor

allem der Piaff- und Passage-Tour helfen sollte. Die Zusammenarbeit dauerte drei Wochen, doch diese 21 Tage machten aus einem strahlenden Charmeur ein gebrochenes Pferd. Die kleinen Frechheiten meines Pferdes beantwortete der Profi, selbst immerhin einmal knapp an der Teilnahme der Olympischen Spiele vorbeigerutscht, mit gnadenloser Gewalt. Die „Da muss er durch"-Sprüche des „Trainers" stellte ich mangels jugendlichem Selbstbewusstsein im Angesicht eines solch „erfahrenen" Mannes zu spät in Frage. Als ich es dann tat und die Zusammenarbeit beendete, war es beinahe zu spät. Der Hengst biss sich bei der kleinsten Schenkelhilfe in die Brust und reagierte auf die leiseste Gertenhilfe mit Pinkeln. Es dauerte ein Jahr, bis wir wieder zueinander fanden. Seinen früheren Glanz erlangte dieses wunderbare Pferd allerdings nie wieder. Bis heute habe ich ein schlechtes Gewissen, wenn ich daran denke, diesen „Top-Trainer" ungeachtet seines großen Namens nicht sofort vom Pferd geholt zu haben.
Der Grat zwischen zu frühem Nachgeben, konsequenter Durchsetzung und roher Bezwingung ist gerade bei Hengsten sehr schmal und erfordert vom Reiter neben viel technischem Können und Erfahrung eben auch ein großes Maß an Einfühlungsvermögen und Verständnis fürs Pferd – mehr noch, als bei Wallachen und Stuten.

Viele Hengste, wie auch „Maneken" lernen spielerisch weit schneller als unter zu viel Druck.

JAN BRINK

„Ich reite zwar mit Briar einen großartigen und außergewöhnlichen Hengst und bilde durch die Züchterei auch sonst viele Hengste aus, aber ich muss zugeben, dass die unkompliziertesten Pferde im Allgemeinen doch Wallache sind. Dass ich so häufig Hengste reite, hat sich einfach so ergeben. Hengste können schon mal speziell sein, vor allem in der Prüfung. Es gibt Hengste, die genau wissen, wann es bei X losgeht. Im Gegensatz zu Stuten finde ich Hengste aber einfacher zu arbeiten, sie akzeptieren eher gradlinige Hilfen. Bei Stuten muss der Reiter viel mehr Kompromisse eingehen. Bei einem Hengst und auch einem Wallach kann man eine Hilfe, ein Signal geben und sie tun meist sofort, was man möchte. Bei einer Stute muss man – ein wenig überspitzt formuliert – oft erst einen schriftlichen Antrag ausfüllen und um Erlaubnis fragen, bevor sie mitarbeitet. Doch ganz egal, ob Hengst, Wallach oder Stute – als Reiter muss man lernen, in sein Pferd hineinzuhorchen. Hengste zum Beispiel darf man nicht – noch weniger als andere Pferde – über den Punkt reiten. Wenn man das tut, kann es passieren, dass sie stumpf und triebig werden, dass ihr Geist abstirbt. Auf die Dominanz eines Hengstes antworte ich heute mit Köpfchen, nicht mit Druck. Einen Hengst muss man auf ganz besondere Weise managen, um ihn auf seine Seite zu bekommen und zu halten. Briar zum Beispiel wird, wenn keine Turniere anstehen, in erster Linie in Kondition gehalten statt täglich trainiert. Er kann ja alles, da bringt es nichts, jeden Tag das Programm zu verlangen. Stattdessen geht er auf die Rennbahn, in den Wald, aufs Paddock und er wird häufig auf Trense einfach lang und tief locker gymnastiziert. Ich bin der Meinung, dass man das, was ein Pferd gut beherrscht, nicht dauernd üben soll. Piaffen reichen dann ein- bis zweimal die Woche, Trabverstärkungen kann man noch seltener reiten, denn sie sind fürs Pferd schwere Arbeit. Viele Reiter machen den Fehler, jeden Tag alles immer und immer zu üben.Wenn eine Lektion klappt, sollte man damit für den Tag aufhören und nicht noch fünf Wiederholungen verlangen, bis es wieder schlechter wird. Das langweilt und frustriert jedes Pferd, nicht nur Hengste. Wenn ich fühle, dass ich in der Arbeit an die Stress-Zone komme, mache ich wieder ein paar Schritte zurück in die Komfort-Zone. Man muss sich immer wieder klar machen, das nichts heute klappen muss. Es gibt immer einen nächsten Tag.“

Ein Hengst, der regelmäßigen Freilauf auf der Wiese genießen kann, wird auch immer ein zufriedeneres Reitpferd sein.

Zu diesem Verständnis gehört auch, Hengsten eine möglichst artgerechte Haltung zu gewähren, auch wenn dies sicher schwieriger ist, als bei Nicht-Hengsten. Besonders vor dem Weidegang scheuen sich viele Hengsthalter. Früh genug daran gewöhnt, ausgestattet mit einem extra hohen „Hengst-Zaun" und eventuell mit einem verträglichen Wallach als Wiesennachbar oder sogar Wiesenkumpel lassen sich aber die meisten Hengste an Weideaufenthalte gewöhnen. Da vor allem die sehr dominanten Hengste meist auch recht intelligent sind und viel Abwechslung brauchen, stellt der Weidegang auch für sie eine ideale Ergänzung zur „Boxen-Einzelhaft" dar und fördert somit Allgemeinbefinden und damit auch die Freude an der Arbeit unter dem Reiter.

Bezüglich der Arbeit unter dem Reiter noch ein weiterer Hinweis: Im Allgemeinen verfügen Hengste über einen markanten Kragen, den so genannten Hengsthals, als Ausdruck ihrer Männlichkeit. Richtig ausgebildet ist es meist auch möglich, diesen Hals zur erforderlichen Dehnung zu bringen, so dass in Anlehnung die Stirnlinie leicht vor bzw. an der Senkrechten steht. Vernachlässigt der Reiter eines Hengstes dies, wird er sehr schnell Schwierigkeiten mit Genick und Stirnlinie des Hengstes haben. Während ein herkömmlicher Pferdehals selbst bei nicht optimaler Anlehnung nicht gleich mit

Aufrollen reagiert, passiert dies bei einem Hengst sehr schnell. Aufgrund der ausgeprägten Halsoberlinie entsteht dabei dann ein falscher Knick, das heißt, dass statt des Genicks nun der dritte oder vierte Halswirbel der höchste Punkt ist, meist verbunden mit einem Verwerfen des Pferdes – Fehler, die in Dressurprüfungen sehr negativ ins Gewicht fallen.

Für die reiterliche Arbeit mit Hengsten muss dies bedeuten, dass auf die Halsdehnung und die damit gleichzeitig verbundene Rückenaufwölbung besonderer Wert gelegt werden muss, um nicht gleich bei der Basis der Ausbildung (Takt, Losgelassenheit, Anlehung) weitreichende Fehler zu machen. Vor dem Hintergrund all dieser Besonderheiten sollten deshalb gerade (junge) Hengste vielseitig ausgebildet werden: Dressurarbeit, Springgymnastik, Longenarbeit, frisches Cantern, wenn möglich auf einer Galoppbahn, Geländeritte, Weidegang – all dies sind Elemente, die die besonderen Bedürfnisse eines Hengstes befriedigen und für seine psychische sowie physische Entwicklung unentbehrlich sind.

STUTEN

Die Meinungen über Stuten als Reitpferde gehen weit auseinander. Die einen sagen „Nur keine Stute, die sind immer zickig und dauernd rossig“, die anderen schwören darauf und behaupten „Stuten sind sensibler und intelligenter als Wallache und unkomplizierter als Hengste“. Die Wahrheit liegt vermutlich irgendwo dazwischen. Tatsache ist, dass Stuten schon ein wenig anders „gehandelt“ und gearbeitet werden wollen als ihre vierbeinigen Kollegen des anderen Geschlechts. Auch bei den Damen der Pferdewelt spielen die Hormone eine nicht unbedeutende Rolle, denn sie können in erheblichem Umfang das Wesen einer Stute beeinflussen. So gibt es sehr „stutige“ Vertreterinnen ihres Geschlechts, die besonders zickig sind, speziell während ihrer Rosse, die sie extrem deutlich zeigen, dabei oft schlecht gelaunt sind (auch hier wie im „richtigen“ Leben), überempfindlich bis widersätzlich auf jegliche Schenkelhilfen des Reiters reagieren und sich für die Arbeit unter dem Sattel kaum interessieren.

Aber es gibt auch Stuten, denen man die hormonellen Abläufe im Körper kaum oder überhaupt nicht anmerkt, die ausgeglichen und freundlich und auch beim Reiten während der Rosse unkompliziert sind. Und um es ganz besonders kompliziert zu machen, gibt es sogar Stuten, die gerade während ihrer Rosse entspannt, freundlich und ausgeglichen im Umgang und unter dem Reiter reagieren.
Außer über ihren Hormonzyklus unterscheiden sich Stuten von Wallachen und Hengsten auch in ihrer Anatomie. Sie sind – ähnlich wie Männlein und Weiblein bei den Menschen auch – im Allgemeinen ein wenig anders gebaut. Ein meist geringer angelegter Hals, mehr Bauch (Bauchigkeit), ein häufig etwas längerer Lendenbereich sowie oftmals eine steiler gestellte Hinterhand sind typisch für Stuten. Je stärker ausgeprägt diese Merkmale sind, desto mehr Einfluss können sie auch auf die Bewegungen und die Rittigkeit haben. So spricht man gerne von einem typischen „Stutengalopp", wenn Pferde – eben meist Stuten – ein wenig flacher und „kratziger" galoppieren, Folge eben dieser steileren Hinterhand und der längeren Lenden.
Die Zucht hat sich allerdings in den vergangenen Jahrzehnten sehr gewandelt und in Sachen Reitpferdetauglichkeit weiterentwickelt. Das gilt für auch für Stuten. Die moderne Stute entspricht heute eher dem Sportpferdemodell, wobei der stutentypische Körperbau mehr und mehr verschwindet. Manchmal muss man schon ganz genau hinsehen, wenn man den Unterschied zwischen Stute und Wallach noch sehen will.
Die Erfahrung zeigt: Je geringer die „stutige" Optik ausgeprägt ist, desto geringer häufig auch das „stutige" Verhalten. Trotzdem reagieren Stuten unter dem Sattel oft ein wenig anders als Wallache und Hengste. So sind sie meist kitzeliger als andere Pferde und reagieren deshalb auf Schenkel- oder Sporenhilfen manchmal über. Vermutlich ist es bei Pferden ja nicht anders als bei Menschen. Bei uns nämlich verfügen Frauen über doppelt so viel taktile Hautrezeptoren wie Männer. Die weibliche (stutige?) Haut ist demnach wesentlich berührungssensibler. Für das Reiten von Stuten muss diese Erkenntnis Folgen haben. Schenkelhilfen müssen deshalb viel feiner und wenn möglich geringer gegeben werden als bei Wallachen und Hengsten. Allein dieser Umstand macht das Reiten und die Ausbildung von Stuten zu etwas Besonderem.

Größte Fehler: Grobe Reiterei, lange Sporen, klopfende Schenkel machen die freundlichste Stute zur Zicke und bereits zickige Vertreterinnen ihres Geschlechts früher oder später beinahe unreitbar.

Tipps: Wer es schafft, eine Stute auf seine Seite zu bekommen, hat ein Pferd, das alles für seinen Reiter tut. Ob dieser oft gehörte Satz stimmt, bleibt dahingestellt. Tatsache allerdings ist wohl, dass vor allem Stuten ihre Reiter am ausgestreckten Bein verhungern lassen können, wenn diese gegen sie arbeiten. Denn Stuten nehmen Fehlverhalten im Allgemeinen schnell übel und reagieren dann zickig – auf Kosten von Losgelassenheit und Harmonie. Gefühlvolle und aufmerksame Reiter bemerken die Unwilligkeit einer Stute allerdings bereits im Ansatz. Stuten zeigen nämlich sehr schnell, wenn ihnen was nicht passt. Eine ungeschickte, weil vielleicht zu weit hinten oder mit zu viel Sporn gesetzte Schenkelhilfe wird meist mit verärgert angelegten Ohren quittiert. Die nächste Stufe der Unzufriedenheit äußert sich häufig in unwilligem Schweifschlagen, gesteigert bis hin zu einem dauernden „Pinseln“ oder sogar spontanem Urinieren. Spätestens wenn es soweit gekommen ist, haben sich zu den psychischen Spannungen bereits auch muskuläre hinzugesellt. Die Rückenmuskulatur verkrampft sich mehr und mehr – was wiederum zu ver-

Eine dressurmäßig ausgebildete und gut bemuskelte Stute lässt sich heute manchmal erst auf den zweiten Blick als solche erkennen.

GEORGE WILLIAMS

„Seit 2001 reite ich Rocher und bin immer wieder begeistert. Sie ist eine körperlich und mental starke Stute mit einem ausgeprägten Sinn für Fairness. Deshalb muss man als Reiter sehr vorsichtig mit seinen Korrekturen umgehen und wirklich darauf achten, nicht unfair zu werden. So etwas nimmt sie übel, macht zu und kann dann ziemlich stark werden. Wenn man sie aber richtig behandelt und ihr in der Hilfengebung nicht Unrecht tut, dann macht sie alles für den Reiter. Sie liebt es zu arbeiten und sie liebt es, dem Reiter zu gefallen. Glücklicherweise ist sie als Stute sehr ausgeglichen, auch in der Zeit der Rosse, die man ihr im Umgang und auch beim Reiten überhaupt nicht anmerkt.

Ich glaube, Stuten sind im Allgemeinen sensibler als Wallache und in ihrer Art Hengsten eher ähnlich. Auch die nehmen eine falsche Behandlung schnell übel. Im Gegensatz zu den meisten Hengsten sind Stuten aber, so glaube ich, im Viereck ehrlicher. Das gilt auch für Rocher. Zuhause kann sie durch ihren gewaltigen Hals und ihre ausgeprägte Persönlichkeit ihren Reiter schon mal ein wenig herausfordern. Deshalb arbeiten wir sehr viel über halbe Paraden an der Verbesserung ihrer Durchlässigkeit. Ihre Persönlichkeit kommt ihr aber auf dem Turnier zugute. Hier ist sie immer da, scheint zu sagen: ‚Hey, schaut mich an, hier komme ich.‘ Rocher ist eine Diva, aber in einer sehr positiven Art.“

Fürs Foto einmal absichtlich herbeigeführt: Bei zu viel Druck aus dem Unterschenkel und fester Hand versucht der Reiter, die Stute über Zwang zusammenzuziehen – ein Vorgehen, dass diese sofort mit Wehren, unwillig angelegten Ohren, festem Rücken und verärgertem Schweifschlagen beantwortet.

mehrtem Unwohlsein unter dem Reiter und zu weiteren Widersätzlichkeiten führt. Wird nicht spätestens hier die gesamte Reitweise und Hilfengebung überdacht, kann es, je nach Charaktertyp, zu ganz ernsthaften und vor allem dauerhaften Problemen kommen. Dabei kann gerade die Sensibilität der Stuten ein hilfreicher Gradmesser sein für gutes oder schlechtes Reiten. Man muss nur genau hinschauen. Beobachten Sie die Ohren Ihrer Stute ein wenig aufmerksamer als bei anderen Pferden. Zeigt die Stute Unwilligkeit, versuchen Sie, vor allem Ihre Schenkelhilfen zu ändern. Manchmal reicht es schon, etwas bewusster weiter vorn, also am Sattelgurt, zu treiben. Auch der verwahrend zurückgelegte Schenkel darf bei empfindlichen Stuten nicht zu weit nach hinten geraten. Gerade im hinteren Bauchbereich und Richtung Leistengegend sind die meisten Stuten kitzelig und reagieren mit Klemmigkeit oder Widersetzlichkeit. Stuten lassen sich auch nicht gerne über Kraft dominieren und zeigen dies meist deutlicher als Wallache. Vor allem das massive Einspannen mit der Reiterhand löst häufig Gegenwehr aus. Also statt vorne ziehen und zwingen, besser viele halbe und ganze Paraden reiten sowie häufig mal rückwärtsrichten. Ingesamt sollte der Reiter versuchen, durch geschickte und freundliche Hilfengebung seine Stute auf seine Seite zu bringen. Dann tut sie vielleicht tatsächlich alles für ihn.

RASSEZUGEHÖRIGKEIT

Jessica Süss und Zorro

Jede Rasse hat ihre Stärken

Warmblüter sind für den Sport geeignet, Haflinger fürs Wald- und Wiesenreiten, Friesen für Schau und Kutsche und Andalusier für Barockveranstaltungen. Vorurteile, die man an jeder Reithallenecke hört und in denen Wahrheit liegt – allerdings immer nur ein Körnchen. Denn egal welcher Rasse ein Pferd angehört, überall gibt es „so'ne und so'ne". Tatsache ist jedoch, dass die unterschiedlichen Rassen für unterschiedliche Verwendungszwecke gezüchtet wurden oder werden. Der Warmblüter beipielsweise wird bereits seit Jahrzehnten in Richtung Sportnutzung hin selektiert, genauso wie Haflinger einst in erster Linie als kleine, trittsichere Arbeitspferde der Hochgebirge gezüchtet wurden. Und der Ursprung des Friesen liegt tatsächlich in seiner Verwendung als imposantes Kutsch- und Paradepferd mit hoch aufgerichtetem Hals und aufwändiger Knieaktion. Dass heute alle diese Rassen in Dressurprüfungen auftauchen, ist nicht unbedingt ein Beweis dafür, dass sie sich dafür auch eignen, sondern wohl nur ein Beweis, dass sich Dressurreiten immer größerer Beliebtheit erfreut und auch die Liebhaber von Spezialpferderassen begeistert.

Eine Entwicklung, die durchaus legitim ist, solange sie nicht auf Kosten der Pferde geht. Denn wer sich ein Pferd anschafft, sollte sich frühzeitig überlegen, welches Ziel er verfolgt, welche Motivation er zum Reiten hat. Wer weiß, dass er eine ambitionierte Sportkarriere im Dressurviereck anstrebt, sollte sich nicht unbedingt einen Haflinger, Friesen oder ein Quarterhorse zulegen. Das gleiche gilt für denjenigen, der mit dem Springsport liebäugelt. Das soll nicht heißen, dass sich diese Rassen per se nicht eignen, sie sind nur nicht dafür prädestiniert. Ausnahmen bestimmen wie immer die Regel. Doch solche Ausnahmen kann man nicht „machen", die ergeben sich zufällig. Wer zum Beispiel einen Friesen besitzt, der neben Knieaktion auch über einen natürlichen Schwung und „Gummi" verfügt, der taktsicher galoppieren kann und dessen Rücken und Knie stark genug sind, der sollte natürlich versuchen, sein Pferd so weit wie möglich zu fördern – selbst wenn sich hin und wieder mal Richter mit der Beurteilung schwer tun. Wer aber auf jeden Fall später mal

Der von Natur aus hoch aufgerichtete Hals der Friesen wirkt imposant, kann unter dem Reiter aber zu Problemen führen.

PHYSIOTHERAPEUTISCHE RASSE-PROBLEMATIKEN

„Muskuläre Unterschiede bei den verschiedenen Pferderassen und daraus resultierende Probleme sind keine reiterliche Einbildung. Auch in der Pferdephysiotherapie lassen sich ganz unterschiedlich ausgeprägte Problematiken erkennen. So haben beispielsweise die meisten Friesen durch ihren von Natur aus hoch aufgerichteten Hals eine extrem ausgebildete Halsmuskulatur, die – das merkt man, wenn man daran arbeitet, sehr deutlich – wegen ihres hohen Muskeltonus am Oberarmkopfmuskel, dem Musculus Brachiocephalicus, und an der seitlichen Halsmuskulatur jedoch häufig sehr verhärtet ist und auch Links- und Rechtsbiegung und -stellung des Halses sowie die Ausbalancierung des Gleichgewichts beeinträchtigt.
Das über physiotherapeutische Übungen hervorgerufene Aufwölben des Rückens im Bereich des Widerrists fällt Friesen im allgemeinen schwerer, die Wölbung geschieht dann drei, vier Wirbel weiter hinten. Überhaupt lässt sich feststellen, dass der meist eher kurze Rücken der Friesen im Schnitt fester ist als vergleichsweise bei Warmblütern, obwohl auch bei diesen Pferden die Rückenproblematiken leider ganz vorne anstehen.

S-Dressur reiten möchte und sich für einen Friesen aus hauptsächlich optischen Gründen – weil so schön schwarz und auffallend – entscheidet, der läuft Gefahr, sein Pferd zu überfordern und ihm Unrecht zu tun. Dies gilt zwar für alle Pferde – für die aber, die für den bestimmten Zweck nicht gezielt gezüchtet wurden und ihre Liebhaber vor allem auch über Aussehen, Farbe und Wesen gewinnen, in ganz besonderem Maße.
Nun soll es aber nicht heißen, dass die Besitzer von Spezialpferderassen nur noch durch den Wald oder im Showring reiten sollen. Eine dressurmäßige Grundausbildung und Weiterbildung ist für jedes Pferd wichtig, weil gesundheitsfördernd. Und wer weiß, vielleicht kristallisiert sich dabei ja auch hin und wieder ein Ausnahmetalent heraus, das die Vorurteile Lügen straft. Ein Friese mit olympischer Dressur-Medaille? Ein Haflinger mit Grand Prix-Platzierung? Warum

Durch den Umstand, dass viele Friesenreiter ihr Pferd zu hoch aufrichten, kommt der Longissimus dorsi, der lange Rückenstrecker, kaum zur Dehnung. Das Pferd kann den Rücken nur aufwölben, wenn sich die Rückenmuskulatur dehnen kann. Damit einhergehend ist die Bauchmuskulatur vieler Friesen weniger ausgeprägt. Eine gut trainierte Bauchmuskulatur erreicht man durch sachgerechtes Vorwärts-Abwärts-Reiten. Durch die spezielle Mechanik dieser Rasse gibt es auch muskuläre Probleme im Bereich der aufsteigenden und absteigenden Brustmuskulatur, die oft ebenfalls verhärtet ist. Dies findet man übrigens auch bei Quarterhorses, obwohl die einen vollkommen anderen Körperbau als Friesen haben. Hier ruht der ganze Körper auf der Vorhand, die dadurch einer hohen Belastung ausgesetzt ist. Weniger vom Körperbau abhängig als von der speziellen Reittechnik stellen sich muskuläre Ungleichgewichte auch besonders bei Islandpferden ein. Auch hier entsteht durch den unter dem Reiter hoch getragenen Kopf ein Dauertonus der Rückenmuskulatur. Doch jede Anspannung braucht eine Entspannung. Ist dieses Gleichgewicht gestört, kann es zu schmerzhaften Veränderungen kommen."

Martina Rosenhagen, Pferdephysiotherapeutin (DIPO)

eigentlich nicht. Trotzdem sollte dies nur Ausnahmetalenten vorbehalten und nicht angestrebtes Zuchtziel sein. Wo blieben nämlich die Eigenständigkeit, die Individualität und der Charme der unterschiedlichen Rassen, würden alle Richtung Sporttauglichkeit so weit veredelt, dass sie sich irgendwann nur noch auf dem Papier unterschieden.
Im Weiteren soll hier nur auf die im Dressurviereck häufigsten Rassen eingegangen werden, alles andere würde angesichts von rund 300 Pferderassen den Rahmen dieses Buches sprengen.

(EUROPÄISCHE) WARMBLÜTER

Den Warmblüter gibt es an und für sich nicht. Alles, was nicht Kaltblut, Vollblut, Kleinpferd, Traber oder Pony ist, fällt unter die Warmblüter. Gemeint sind an dieser Stelle aber die in Deutschland, Holland, Frankreich, Dänemark und Schweden gezüchteten warmblütigen Sportpferde. Sie werden seit Generationen in Richtung Sporttauglichkeit selektiert, wobei der Schwerpunkt beim Dressur- und Springsport liegt. Die allgemeinen Rassestandards unterscheiden sich dabei nicht wesentlich, so dass man häufig erst auf das Brandzeichen schauen muss, um die Zuchtländer und die Zuchtverbandszugehörigkeit (in Deutschland allein knapp 20 Warmblut-Zuchtverbände) zu unterscheiden.
Das warmblütige Sportpferd ist ein mittelgroßes bis großes (Stockmaß etwa 1,60 bis 1,80 m), im Rechtecktyp stehendes Pferd mit raumgreifenden, elastischen Bewegungen und einem guten Fundament; es soll über harmonische Proportionen verfügen, mit einem edlen, zur Körpergröße passenden Kopf, einem schön geschwungenen, mittellangen und gut angesetzten Hals, der in einen gut ausgeprägten, nicht zu hohen oder zu flachen Widerrist übergeht. Die Schulter soll möglichst lang und schräg sein, der Rumpf mit einer breiten Brust und ausreichenden Gurtentiefe viel Platz für Herz und Lunge bieten. Der sanft geschwungene Rücken soll harmonisch in eine nicht zu kurze und nicht zu lange, leicht schräg gerundete Kruppe übergehen.

Größte Fehler: Warmblüter über einen Kamm zu scheren ist ebenso falsch, wie zu viel über Zuchtverband-Zugehörigkeiten zu philosophieren. Bis auf wenige Warmblutrassen (z.B. Holsteiner, Trakehner) haben die meisten Zuchten keine geschlossenen Zuchtbücher, das heißt, es wurden und werden Pferde anderer Zuchtverbände eingekreuzt. So gibt es Pferde, die das Brandzeichen des einen Zuchtverbandes haben, im Papier aber jede Menge Vorfahren ganz anderer Verbände stehen. Hannoveraner haben diese Eigenschaften und Westfalen jene, ist also Augenwischerei und genauso falsch wie das manchmal gehörte Vorurteil, Warmblüter seien schwierig. Auf die Qualität des Pferdes kommt es an und auf seinen Charakter.

Tipps: „Auf dem Papier reitet man nicht" heißt ein alter Spruch, der sicher in großen Teilen stimmt. Letztlich ist egal – besonders wenn ein Pferd gut, leistungsbereit und rittig ist – welche bekannten oder unbekannten Ahnen im Papier abgedruckt sind. Nichtsdestotrotz gibt es Linien, die sich im Laufe der Generationen als besonders leistungsbereit oder aber als besonders schwierig herausgestellt haben. Bei der Auswahl eines Pferdes sollte man sich also ruhig mal bei Zuchtkennern umhören, welche Eigenschaften von besagter Linie bekannt und überliefert sind. Auf diese Weise kann man sich vielleicht, vor allem beim Kauf eines jungen Pferdes, so manche Über-

Die in Deutschland und den Nachbarländern gezüchteten Warmblüter wurden seit Generationen auf Sporttauglichkeit hin selektiert und verfügen – im Optimalfall – über große, schwungvolle Bewegungen.

raschung ersparen und auch vermeiden, ein für sich und die eigenen Fähigkeiten und Charaktereigenschaften individuell unpassendes Pferd zu erwerben. Ist man bereits Besitzer, nutzt das Wissen über die schwierigen, weil vielleicht nervigen Ahnen nicht viel, wohl aber das Wissen um unterschiedliche Wesenszüge und ihren Umgang damit. Anders ist es mit körperlichen Eigenschaften. So gibt es zum Beispiel Linien, die dafür bekannt sind, dass die meisten der daraus hervorgehenden Pferde lange brauchen, bis sie ausgewachsen sind. Oder aber im Rücken ein wenig schwach sind. Hier lohnt es sich schon, sich darüber Informationen einzuholen, um sein Reiten darauf – immer gemäß der Skala der Ausbildung – einzurichten.

HAFLINGER

Die blonden bis hellfuchsfarbenen Kleinpferde (Größe zwischen 1,35 – 1,45 m) mit ihrer hellen Mähne und Schweif verfügen über einen kräftigen Hals, einen etwas tonnigen Körper, eine muskulöse Kruppe und kurze, kräftige Gliedmaßen. Hervorgegangen sind sie (ihre systematische Zucht begann erst um 1880) aus der Verpaarung eines Araberhengstes und einer Landstute, vermutlich einem Noriker. Über Jahrzehnte hinweg wurden die aus Südtirol stammenden

Korrekt dressurmäßig gymnastiziert kann auch ein Haflinger sehr ansprechende Dressurleistungen bringen.

Auch wenn diese Haflinger-Stute nie einen Grand Prix gehen wird – zur Verbesserung der Hinterhandaktivität kann das Arbeiten in halben und piaffartigen Tritten sehr hilfreich sein.

Haflinger im Gebirge von Bauern und Waldarbeitern eingesetzt. Heute gelten sie wegen ihrer Trittsicherheit und ihres freundlichen Wesens auch als beliebte Trekkingpferde, die ihren Einsatz aber auch vor der Kutsche, als Freizeit- oder Kinderreitpferde sowie auf Westernturnieren und in kleineren Dressurprüfungen finden.

Größte Fehler: Der Versuch, aus einem Haflinger zu machen, was er nicht ist; ihn überhaupt nicht dressurmäßig zu fördern.

Tipps: Der Haflinger gehört nicht unbedingt zu den typischen Dressuraspiranten. Auch wenn es schon mal einzelne „Haffis" gibt, die alle Grand Prix-Lektionen beherrschen, sieht man diese Pferderasse unter dem Dressursattel im allgmeinen ausschließlich in E-, A- und vielleicht noch in L-Dressuren. Bis auf wenige Ausnahmen verfügen sie einfach nicht über die Gangqualität, die für höhere Weihen vorausgesetzt wird. Wer einen Haflinger reitet, sollte aber trotzdem versuchen, ihn gemäß der Ausbildungsskala zu fördern. Denn Ziel dieser klassischen Ausbildung ist die Verbesserung der Rittigkeit und das Erreichen von Durchlässigkeit und somit vor allem auch die Gesunderhaltung des Pferdes.
Da die meisten Haflinger über etwas stampfende, erdgebundene Trabbewegungen verfügen und auch nicht unbedingt große Galoppierkünstler sind, sollte sich die Förderung dieser Pferde auf eine optimale Anlehung, das Heranholen der Hinterhand, die Verbesserung der Durchlässigkeit und somit auf die Korrektheit der Lektionen

konzentrieren. Man wird aus dem Gros der Haffis keine Aktionstraber machen können. Man kann aus ihnen aber ganz zuverlässige und harmonische Dressurpferde für Einsteigerprüfungen machen. Je nach Talent von Pferd und Reiter ist dann – in den Grenzen des Pferdes – auch eine weitere Förderung nicht auszuschließen.

Der meist kurze, breite Rücken der Haflinger, vor allem der kurze und kräftige Hals, erfordern dabei besondere Mühe. Zwar kann ein geschickter Reiter diesen Hals recht einfach optisch in eine Pseudohaltung ziehen, doch geht dies wie bei allen Pferden zu Lasten der Rückenelastizität und Losgelassenheit. Auch Haflinger müssen zunächst über den Rücken in die Tiefe gearbeitet werden, wobei auf die Vorwärts-abwärts-Dehnung des Halses, also auf die Überprüfung der Dehnungsbereitschaft, größtes Augenmerk gerichtet werden sollte. Auf diese Weise kommt nicht nur der Rücken hoch, sondern auch der Widerrist, was sich wiederum positiv auf die Gangqualität auswirkt. Je mehr sich der Widerrist anhebt, desto freier kann ein Pferd aus der Schulter und damit auch aus den Vorderbeinen arbeiten. Der etwas stampfende Gang der meisten Haflinger wird damit leichtfüßiger und ausdrucksvoller.

Der im Allgemeinen kurze und breite Rücken der blonden Kleinpferde ist tragfähig, in der seitlichen Beweglichkeit jedoch etwas eingeschränkt. Als Zug- und Lastentier im Gebirge gehörten Traversalen eben nicht zum Anforderungsprofil. Trotzdem lässt sich diese Beweglichkeit fördern und Lektionen wie Schulterherein, Travers(alen) und Renvers erarbeiten, was wiederum Trag- und Schubkraft der Hinterhand und damit auch den Schwung verbessert. Aufgrund der Kürze von Rücken und Extremitäten darf der Reiter aber keine weit seitwärtsweisenden Schritte und Tritte erwarten oder gar versuchen zu erzwingen.

Schwierig kann sich der Galopp von Haflingern hinsichtlich seiner Dressurtauglichkeit darstellen. Auch diese Gangart gehörte im Hochgebirge nicht unbedingt zu den Talenten, die für diese Pferderasse zwingend erforderlich waren. Der Galopp vieler Haflinger ist deshalb eher kurz, flach und ein wenig eilig. Erst über das Erreichen und Verbessern der Durchlässigkeit und allgemeinen Geschmeidigkeit lässt er sich ein wenig formen. Hilfreich kann hier auch – in Grenzen – die Handarbeit darstellen, also die Touchierarbeit vom Boden aus. Es

Durch die konsequente Arbeit zur Tragkraft-Steigerung der Hinterhand kann sich auch der bei Haflingern oft etwas problematische Galopp verbessern lassen. Wichtig: Durch Überstreichen immer wieder kontrollieren, ob sich das Pferd wirklich selbst trägt. Dies verhindert die Gefahr des Zusammenziehens über die Hand.

geht dabei nicht darum, dem Haflinger das Piaffieren beizubringen, sondern lediglich darum, über halbe Tritte seine Hinterbeine ‚schnell' zu machen und zu vermehrter Lastaufnahme zu bringen. Auf Dauer wirkt sich dies positiv auch auf andere Lektionen wie Übergänge, Kurzkehrts oder Hinterhandwendungen aus.

Wer sich für einen Haflinger entscheidet, entscheidet sich gegen eine höhere Dressur- oder Springkarriere. Aber er entscheidet sich auch für ein charakterlich meist unkompliziertes, vielseitig einsetzbares Freizeitpferd, das auch in Dressur- und Springprüfungen zumindest bis Klasse A erfolgreich sein kann, manchmal auch in L oder, in Ausnahmefällen, höher (zumindest in der Dressur).

Ich selbst habe als Richterin auf einem reinen Haflingerturnier unter rund 100 Vertretern dieser Rasse einen Wallach gesehen, der – im modernen Typ stehend – recht langbeinig war, über einen großen Schritt, einen leichtfüßigen und schwungvollen Trab sowie über einen runden Bergaufgalopp verfügte. Einen solchen Haflinger könnte man sicher auch bis M, S oder sogar weiter fördern. Der limitierende Faktor ist in derartigen Fällen nicht die Rasse, sondern die Erfahrung des meist jugendlichen Reiters. Und welcher Top-Dressurausbilder macht sich schon mit einem Haflinger die Mühe. Schade eigentlich.

FRIESEN

In den letzten Jahren haben die Friesen durch viele Show-Auftritte einen immer größeren Liebhaberkreis erobert. Die Geschichte der „schwarzen Perlen“, wie sie heute oft genannt werden, geht zurück auf das 16. und 17. Jahrhundert und hat ihren Ursprung vermutlich in einer Kreuzung aus westfriesischen, eher kaltblütigen Bauern- und Kutschpferden mit den andalusischen Streitrössern spanischer Truppen. Der daraus hervorgegangene Pferdtyp wurde in erster Linie als Zugpferd in der Landwirtschaft, aber auch als Reit- und vor allem Fahrpferd eingesetzt. Anfang des 20. Jahrhunderts war die Rasse bei-

Haariger Traum vieler Freizeit- und Turnierreiter: der Friese

1 Kräftiger Friesenhengst mit rassetypischem Körperbau – hoch aufgerichteter, massiger Hals und leicht konkave Oberlinie

2 Gleichaltriger Hengst im etwas leichteren Typ stehend, Hals weniger hoch getragen, Oberlinie weniger konkav

nahe verschwunden, erlebte dann aber eine Renaissance. Heute präsentiert sich der nach strenger Reinzucht selektierte Friese, der zu den warmblütigen Barockpferden zählt, als imposanter Rappe (Größe etwa zwischen 1,58 und 1,68 m) mit hoch aufgerichtetem Hals, einer kräftigen, runden Hinterhand, üppigem Schweif- und Mähnenhaar, fedrigem Behang und kniebetontem Trab und findet Verwendung im Reit- und Fahrsport sowie im Show-Bereich.

Größter Fehler: Den Friesen allein wegen seiner imposanten Schönheit als typisches und per se geeignetes Dressurpferd zu propagieren, ist unseriös. Die spezielle Anatomie der Friesen und ihre spezielle Bewegungsmechanik bringen für die sportliche Dressurreiterei mannigfaltige Probleme mit sich. Beinahe ebenso falsch ist es jedoch, bei den von Natur aus zu Show-Gehabe neigenden Friesen eine klassische Basisausbildung zu vernachlässigen, da dies früher oder später zu gesundheitlichen Problemen führen kann.

Tipps: Wer einen ehrgeizigen dressursportlichen Weg anpeilt und als Fernziel S- oder Grand Prix-Platzierungen oder gar eine Aufnahme in den Dressurkader anstrebt, sollte nicht unbedingt auf einen Friesen als passenden Sportpartner setzen. Es sei denn, es liefe ihm im Laufe der eigenen Ausbildung durch Zufall ein Ausnahmefriese über den Weg. Friesen, die über einen genügend schwungvollen und leichtfüßig federnden Trab sowie über einen ebensolchen Galopp

1 Selbst beim so wichtigen und hilfreichen Traben über Stangen tut sich dieser junge Friese zunächst schwer, seinen Hals nach vorwärts-abwärts fallen zu lassen.

2 Korrekt ausgebildet schaffen es einige Ausnahme-Talente bis zu höheren Turnierweihen.

verfügen, einen starken Rücken haben und keine Probleme mit den Kniegelenken. Das allerdings ist leider nicht die Regel. Zum einen haben nämlich die meisten Friesen zwar Knieaktion, dabei oft aber auch einen etwas stampfenden, schwerfälligen Bewegungsablauf. Ein besonders großes Problem stellt in diesem Zusammenhang der von Natur aus hoch aufgerichtete massige Hals dar, denn diese Haltung wird leider von vielen Friesenliebhabern mit dressurmäßiger Aufrichtung verwechselt. Die allerdings entsteht erst durch die Aufwölbung des Pferderückens bei gleichzeitiger Senkung der Hinterhand und damit vermehrter Lastaufnahme. Nimmt der Reiter die Pseudo-Aufrichtung des Friesen nun schon beim jungen Pferd an, statt auch oder besonders den Friesen konsequent vorwärts-abwärts zu reiten, geht das im Allgemeinen zu Lasten einer korrekten Anlehnung. Erschwerend hinzu kommt die Tatsache, dass viele Friesenfans sich für einen Hengst entscheiden und damit die „hohe Halsproblematik" noch intensiver erleben. Selbst viele Bewegungstalente unter den Friesen verschwinden früher oder später sportlich in der Versenkung, weil ihre Reiter mehr auf Schau und Spektakel setzen, statt auf eine anfangs vielleicht weniger spektakuläre, dafür aber um so nachhaltigere klassische Ausbildung.
Friesen sind das typische Beispiel dafür, dass Anlehnung bei manchen Pferden in der Ausbildungsskala auch mal weiter nach vorn,

also noch vor den Takt rutschen kann. Denn ohne eine korrekte Anlehnung, die beim Friesen nur über die Verbesserung der Dehnungsbereitschaft erreicht werden kann, neigt gerade diese Rasse zu Taktstörungen, vor allem im Galopp. Ein Blick in die Reitställe, Dressurvierecke und auch Showarenen zeigt deshalb unter dressurklassischen Gesichtspunkten sehr oft fehlerhafte Bilder von Friesen: viel zu eng im Hals, hinter der Senkrechten, falscher Knick, durchhängender Rücken, nach hinten heraus arbeitende Hinterhand, stampfende oder strampelnde Trabbewegungen, schwerfälliger Vierschlaggalopp.

Gerade aus diesem Grund haben Friesen bei manchen Dressurrichtern häufig gegen Vorurteile zu kämpfen. Doch es geht auch anders. Korrekt nach den klassischen Ausbildungsgrundsätzen gearbeitete Friesen können durchaus gute Dressur-Leistungen bringen und auch in L- und M-Dressuren ansprechende Bilder präsentieren. Manche Ausnahmetalente schaffen den Sprung hin zum echten Sportpferd, es gibt sogar in Grand Prix-Prüfungen erfolgreiche Friesen (zum Beispiel Jorrit und Tinus unter der deutschstämmigen US-Reiterin Sabine Schut-Kery oder Adel 357 unter dem Belgier Marc-Peter Spahn). Doch wie gesagt: Hierbei handelt es sich um Ausnahmetalente unter optimaler Förderung.

Wie aber fördert man einen Friesen „optimal"? Und worauf sollte man angesichts dieser Rasse besonders achten? Zum einen gelten

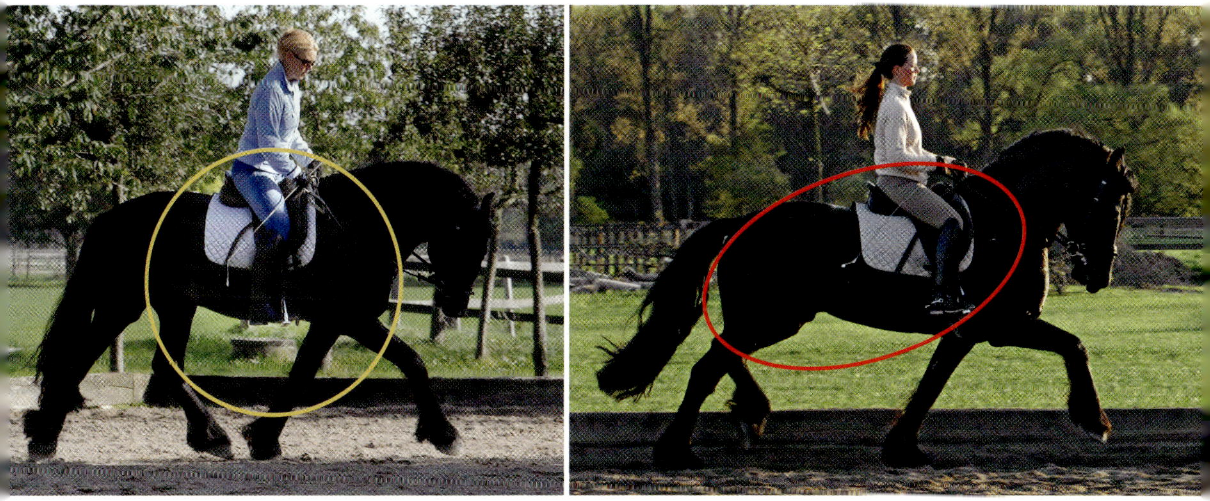

Zwei gleichaltrige Hengste: Während der linke in der Vorwärts-Abwärts-Haltung (Nase könnte noch mehr vor gehen) mit dem diagonalen Hinterbein unter den Schwerpunkt vorfußt, tritt der rechte bei hohem Hals hinten heraus, der Winkel zwischen Becken und Rücken ist ungünstig. Die Linien verdeutlichen: Im linken Bild wölbt sich der Pferderücken, die Reiterin sitzt quasi auf dem stabilsten Punkt eines Kreises; im rechten Bild hängt der Pferderücken durch, der größte Teil des Pferdes gerät „hinter" die Reiterin, das Gleichgewicht ist gestört.

Friesen als Spätentwickler, die nicht vor vierjährig angeritten werden sollten. Auch dann ist Zeit und Gelduld geboten, Friesen reifen im Allgemeinen langsamer und hinken anderen warmblütigen Sportpferden in ihrer Entwicklung oft ein bis zwei Jahre hinterher. Darüber hinaus verfügen Friesen aufgrund ihres speziellen Körperbaus (wenig Gurtentiefe bei meist eher massigem Körper) über ein Lungenvolumen, das rund 1/3 kleiner als das eines gleichschweren anderen Pferdes ist. Auch dieser Umstand muss Auswirkungen auf die Arbeit mit Friesen haben. Ein dem Intervalltraining ähnliches Reiten mit regelmäßigem Wechsel zwischen Pausen und Belastung entspricht den physiologischen Besonderheiten dieser Pferderasse und ist deshalb ratsam. Auf diese Weise verhindert man eine zu hohe Atemfrequenz sowie eine Übersäuerung und Ermüdung der Muskulatur.

Das Genick immer wie verlangt am höchsten Punkt zu haben, ist vor allem für Friesenhengste nicht immer einfach.

Um die Problematik des hohen Halses in den Griff zu bekommen, sollte der Reiter eines Friesen besonderen Wert auf die Vorwärts-Abwärts-Dehnung des Pferdes legen. „Abwärts“ allein genügt nicht, denn Friesen neigen sehr dazu, ihren Hals im Abwärts zwar zu senken, dabei aber nach rückwärts aufzurollen. Eine korrekte Anlehung wird damit ebenso wenig erreicht wie eine Rückenaufwölbung, stattdessen verstärkt sich das Problem und es manifestiert sich zu allem Übel auch noch der falsche (Hals-)Knick. Das erforderliche „Vorwärts“, sprich das vielzitierte „Nase vor“, lässt sich am besten zunächst im Trab über Stangen und Cavalettis erarbeiten. Auch das Reiten von Wendungen bei gleichzeitigem Übertretenlassen der Hinterbeine, am besten an offenen Zirkelseiten, fördern das Halsfallenlassen, wobei der Reiter jedoch genügend mit dem inneren Schenkel an den äußeren Zügel treiben und die Dehnung auch immer wieder abfragen und zulassen muss.
Hilfreich sind außerdem häufige Übergänge zwischen den Gangarten, besonders zwischen Trab und Schritt. Hierbei lernt das Pferd, die halbe Parade anzunehmen, muss dabei aber sofort energisch weiter nach vorn an die Hand herangetrieben werden, bevor es den Hals überhaupt zurücknehmen kann. Das Reiten von ganzen Paraden aus Trab oder Galopp, wie man es schon mal macht, um ein Pferd vermehrt zu schließen, eignet sich für Friesen nicht, zumindest nicht, solange ihre Anlehnung nicht deutlich verbessert ist. Friesen können

1 **Aus diesem Grund ist die konsequente Vorwärts-Abwärts-Arbeit zur Förderung und Verbesserung der Dehnungsbereitschaft gerade für Vertreter dieser Rasse von größter Bedeutung.**

2 **Kombiniert mit entsprechender Gymnastizierung, wie hier über das Erarbeiten halber Tritte, lässt sich die Hinterhand mehr unter den Schwerpunkt bringen und bringt somit Entlastung und Kräftigung auch der Kniegelenke mit sich. Wichtig hierbei ist, niemals zu viel zu fordern, sondern …**

...durch viel Lob und Ruhe Vertrauen aufzubauen.

nämlich ihren hohen und oft massigen Hals wie eine Ziehharmonika zusammenschieben, so dass Kinn und Ganaschen fast den Hals berühren. Dabei geht jegliche korrekte Anlehnung verloren, der Rücken hängt in diesem Moment durch und wird überbelastet, die Hinterbeine arbeiten hinten heraus.

Dieses Herausarbeiten der Hinterhand, mitverursacht und negativ beeinflusst durch den hohen Hals und die daraus mangelnde Anlehnung, ist das zweite große Problem vieler Friesen. Bei diesem Herausarbeiten verändert sich nämlich der Winkel, in dem Hinterbeine und Becken des Pferdes zueinander stehen, in die falsche und nicht gewünschte Richtung. Der dabei entstehende Druck auf das Kreuzdarmbein veranlasst das Pferd sogar, noch weiter mit den Hinterbeinen nach hinten auszuweichen und zum Ausgleich den Hals anzuheben. Zu der angeborenen unechten Aufrichtung gesellt sich zu allem Übel dann noch eine falsche absolute Aufrichtung hinzu –

eine Katze, die sich in den Schwanz beißt. Der falsche Beckenwinkel wiederum wirkt sich negativ auf die Kniebänder des Friesen aus, die überdehnt werden, was zu einer höheren Neigung zu Patellafixation, also einem vorübergehenden Festhaken der Kniescheibe, und auf Dauer sogar zu Arthrose führen kann. Allein schon aus diesem Grund ist die konsequente Stärkung des Rückens durch Senkung des Halses und Heranholen der Hinterhand gerade bei dieser Rasse immens wichtig.

Nicht nur aus gesundheitlicher, sondern auch aus rein reiterlicher Sicht ist diese Rückenstärkung sowie die Focussierung auf den Pferde-„Motor“, also auf seine Hinterhand, anzustreben. Pferde nämlich, die den Rücken hängen lassen, hinten herausarbeiten und sich im Hals zu groß machen, gehen meist irgendwann auch nicht mehr freudig nach vorn. Nicht selten sieht man deshalb gerade Friesen, die kaum noch Vorwärtsdrang zeigen, schlecht sitzen lassen und als faul gelten. Hat sich eine solche Triebkeit erst einmal entwickelt, hilft nur eine totale Umstellung der Reitweise – weg vom hoch aufgerichtet-zusammengezogenen Hals hin zur Dehnungshaltung. Mit viel Geduld und ein wenig Glück lässt sich dann aus dem triebigen, schlecht zu sitzenden Friesen manchmal wieder ein fleißig nach vorne gehendes Pferd machen.

Das Ergebnis dieser Arbeit gemäß der Ausbildungsskala ist eine verbesserte Anlehnung im Trab und im Galopp mit der Stirn vor der Senkrechten.

GÜNTHER FRÖHLICH

„Es gibt bei den Friesen immer häufiger Typen, die einen schönen Körperbau haben, schöne Bewegungen und gut abfußende Hinterbeine. Aber es gibt eben auch viele, die nur Hobbypferde sind und auch Hobbypferde bleiben sollten. Die Natur lässt sich nun einmal nicht verbiegen. Wer turniersportlich Friesen reiten will, muss sich eben einen suchen, der dressursportliche Qualität hat. Dann kann ein Friese genauso sportliche Leistung bringen wie ein Warmblüter. Allerdings muss man sich darüber im klaren sein, dass Friesen sowohl im Wesen als auch in ihrer Physiologie ein wenig anders sind als andere Pferde. Friesen sind sehr menschenbezogen und anhänglich, doch sie lassen sich nicht so ‚quetschen' wie zum Beispiel spanische Pferde. Friesen nehmen dann schnell übel, machen dicht und werden stur. Durch ihre speziellen PAT-Werte *(Puls, Atmung, Temperatur; Anmerkung der Autorin)* muss man sie auch ein wenig anders arbeiten, kann sie nicht so auspowern wie andere Pferde. Meine größte Herausforderung im Umgang mit Friesen lag im Allgemeinen nicht darin, aus einem heißen Pferd etwas zu machen, sondern aus einem faulen Pferd. Friesen muss man ‚hochkitzeln', ihnen Abwechslung bieten und Zeit zur Entwicklung lassen. Wenn sie dann zünden, sind sie einfach toll."

ANDALUSIER BZW. P.R.E.

Als Andalusier wird jedes in Spanien gezüchtete iberische Pferd – außer Kaltblütern und Ponies – bezeichnet und dies ist eigenlich der umgangssprachliche und allgemein bekannte Überbegriff. Ist besagter Andalusier dabei auch noch in dem streng verwalteten Zuchtbuch registriert, heißt er eigentlich genauer Pura Raza Espagnol, also ein Pferd der reinen spanischen Rasse, abgekürzt P.R.E. Dabei handelt

Der Edle unter den Barockpferderassen: der Andalusier mit dem entsprechenden Zuchtpapier, genauer P.R.E.

Im internationalen Dressursport haben inzwischen auch P.R.E.-Pferde Fuß gefasst.

es sich um ein im quadratischen Typ stehendes spanisches Barockpferd mit mittleren bis kurzen Körperlinien und einem Stockmaß von mindestens 1,52 m bei Hengsten und 1,50 m bei Stuten. Andalusier, um bei diesem gängigen Begriff zu bleiben, haben einen breiten, relativ hohen und gut bemuskelten Halsaufsatz, einen muskulösen Rücken mit kurzer und breiter Lendenpartie sowie eine breite, bemuskelte Kruppe.

Sie gelten als intelligent und menschenbezogen und erfreuen sich deshalb gerade in der Barockpferdeszene großer Beliebtheit. Wegen ihrer Ausgeglichenheit und Lernfähigkeit und auch wegen ihres meist üppigen und welligen Langhaars und der häufig weißen Farbe sind sie in unseren Breiten gefragte Show-Pferde. Im sportlichen Dressurviereck tun sich Andalusier oft schwerer, da die gewollte Kürze dieses Pferdetyps dazu führt, dass der Schritt oft gebunden

Manche spanischen Pferde verfügen auch über große Trabbewegungen, sie bleiben aber die Ausnahme. Auch müsste hier die Nase mehr vor die Senkrechte kommen, um Rahmenerweiterung zu ermöglichen.

und nicht losgelassen und der Trab wenig schwingend ist, zudem neigt der Galopp durch die hohe Knieaktion häufig zum Viertakt.

Größte Fehler: Auch wenn Andalusier gerne als unkompliziert und menschenfreundlich bezeichnet werden, sollte man nie vergessen, dass es sich um Pferde mit all ihren Bedürfnissen handelt und dass es auch unter den Andalusieren solche und solche gibt. „Selbstfahrer" sind auch diese Pferde nicht, vor allem nicht im Bereich der turniersportlichen Dressur.

Tipps: Die spanische Equipe hat es eindrucksvoll und medaillengeschmückt bewiesen: Auch Andalusier eignen sich für die Sport-Dressur. Der ländliche Andalusierfreund, der gerne auf die kleinen bis mittleren Turniere in der Umgebung fährt, darf aber trotzdem nicht zu viel erwarten. Denn das spanische Barockpferd mag noch so schön sein, noch so viel Talent für versammelte Lektionen haben – auf dem sportlichen Weg zur Spitzendressur tut es sich schwer. Denn in L, M und auch in S ist neben Versammlung vor allem auch Gangqualität gefragt. Und die sieht bei Andalusiern im Allgemeinen anders aus als bei warmblütigen und im Rechtecktyp stehenden Pferden. Der gewollt kurze und breite Rücken des beliebten Barockpferdes, längere Linien gelten hier als fehlerhaft und unerwünscht, sowie die meist steilere Fesselung erlauben zwar eine hohe und aufwändige Knieaktion, gehen aber meist zu Lasten von weit durchschwingenden Gängen. Erst in höheren Dressuren, wenn es an Galopp-Pirouetten, Piaffen und Passagen geht, kann der Andalusier auftrumpfen und seine Stärken ins Feld führen. Da es vor allem die Kürze seines Rückens ist, die ihn in seiner Gangqualität charakterisiert, aber auch

JEAN BEMELMANS

„Bevor ich es mit den spanischen Pferden zu tun bekam, habe ich in erster Linie mit warmblütigen Sportpferden gearbeitet. Letztlich müssen sie alle – egal ob Barockpferd oder Warmblut – ähnlich gearbeitet werden. Das heißt, sie alle brauchen eine gute ausbilderische Basis, auf die man aufbauen und zu der man bei Problemen immer wieder zurückkehren kann. Allerdings gibt es dabei einige Punkte, die den Barockpferden aufgrund ihrer Anatomie einfach schwerer fallen und auf die man deshalb verstärkt Wert legen muss. Es sind sehr kurze, kompakte Pferde, deren Rücken nicht einfach zum Schwingen zu bringen ist. Wenn man diese Pferde nicht konsequent vorwärs-abwärts arbeitet, geht bald gar nichts mehr.
Als ich mit den spanischen Reitern anfing zu arbeiten, neigten viele dazu, ihre Pferde vorn in eine absolute Aufrichtung zu reiten, im Glauben, das erhöhe den Ausdruck. Dabei waren die Pferde aber fest im Rücken und ihr Ablauf war zu eilig, da ihre Bewegungen nicht vom Hinterbein über den Rücken schwingen konnten. Sie arbeiteten in die Luft, statt nach vorne zu schwingen. Um dies zu korrigieren mussten die Pferde zunächst einmal wieder weg von der absoluten

limitiert, sollte der Andalusier so wie der allgemeine Exterieur-Typ „Kurzes Pferd“ gearbeitet werden. Das heißt: Reiten und/oder Longieren über Trab-Stangen oder Cavalettis, vermehrtes Reiten von Wendungen (Volten, Schlangenlinien) und Seitengängen jeglicher Art wie Schulterherein, Travers und Renvers, „Sich-strecken-Lassen“ des Pferdes im Galopp, gerne im Gelände oder, wenn vorhanden, auf einer Galoppbahn (siehe auch S. 96 f.). Insgesamt muss der Andalusier durch diese Arbeit dazu gebracht werden, seinen starken, zur natürlichen Aufrichtung neigenden Hals vom Widerrist aus fallen zu lassen, sich dabei an die Reiterhand zu dehnen und ein wenig Druck aufs Gebiss aufzubauen, um im Gegenzug seine Rückenmuskulatur zu dehnen. Nur so lassen sich die stark nach aufwärts gerichteten Gänge auch im Vorwärts verbessern, lassen sich also Schritte, Tritte und Sprünge verlängern.

hin zur relativen Aufrichtung gebracht werden. Der Weg dahin führte einmal mehr über die gezielte Vorwärts-Abwärts-Arbeit. Bei etwas tiefer eingestelltem Hals ließ ich die Reiter ihre Pferde vor allem in der Lösungsphase über halbe Paraden innerhalb einer Gangart zu einem größeren Takt, zu mehr Kadenz bringen. Dieses Hineinschwingen-Lassen in die Bewegung bei gleichzeitigem Erhalt des Rhythmus ist ganz wichtig, um den Impuls vom Hinterbein über den Pferderücken bis ins Gebiss und damit in die Dehnung zu fördern. Manche Barockpferde neigen dabei dazu, im Vorwärts-Abwärts ein wenig wie ein Pony daher zu traben, doch das macht nichts. Ich habe hier einen spanischen Wallach, der dies in der Dehnungshaltung auch tut, doch wenn er dann nach einer solchen Lösungsphase über den Rücken schwingend nach oben in die Aufrichtung kommt, trabt er los fast wie ein Warmblüter.

Neben der verstärkten lösenden Arbeit setze ich bei den Barockpferden auch auf intensiven Einsatz von Seitengängen. Schulterherein, Travers, Renvers, flache und steile Traversalen – all dies fördert die Durchlässigkeit und Geschmeidigkeit der Pferde mehr als wenn es nur geradeaus geht. Eine korrekte Biegearbeit tut allen Pferden gut, aber Barockpferden besonders. Wenn man sie nur geradeaus laufen lässt, dann laufen sie sich fest.“

SERVICE

Bayley, Leslie: **Trainingsbuch Bodenarbeit**; Die Methoden und Übungen der besten Pferdeausbilder; KOSMOS 2006
Bodenarbeit fördert das Körpergefühl, dient der Gymnastizierung und ist eine ideale Ergänzung zum Reiten. Hier sind die Methoden der bekanntesten Ausbilder erstmalig in einem Buch beschrieben.

Ingolf Bender / Tina Maria Ritter: **Praxishandbuch Pferdegesundheit**; KOSMOS 2008
Fitness kann nur durch sorgfältige Haltung und überlegte Nutzung erreicht und erhalten werden. Da dies leider oft nicht erkannt wird, leiden viele Pferde heute unter Zivilisationskrankheiten. Diese zu erkennen, die Ursachen zu beseitigen und zur richtigen schulmedizinischen oder alternativen Therapie zu finden, ist Anliegen dieses Buches.

Klimke, Ingrid und Dr. Reiner: **Cavaletti – Dressur und Springen**; Erfolgreich trainieren mit Olympiareiterin Ingrid Klimke; KOSMOS 1997/ 2005
Ein wichtiger Grundstein für den Erfolg von Ingrid Klimke ist die Cavaletti-Arbeit. Neben der Gymnastizierung des Pferdes und der damit verbundenen Verbesserung der Gangarten bringt sie Spaß und Abwechslung in den Trainingsalltag.

Ochsenbauer, Ute: **Schwierige Pferde verstehen und fördern**; Probleme als Chance sehen und lösen, KOSMOS 2008
Selbst erfahrene Pferdemenschen stehen sogenannten Problempferden oft ratlos gegenüber. Das muss nicht sein. Die Körpertherapeutin und Pferdetrainerin Ute Ochsenbauer geht den Ursachen der Probleme auf den Grund, erklärt, was unerwünschtes Verhalten zu bedeuten hat und zeigt anhand praktischer Übungen, wie schwierige Pferde zu freundlichen und glücklichen Gefährten werden.

Schäfer, Michael: **Handbuch Pferdebeurteilung**; KOSMOS 2000, 2007
In diesem Standardwerk erfahren Sie Grundlegendes über Pferdetypen und deren Entstehung, Anatomie und Physiologie des Pferdekörpers sowie darauf aufbauend die praktische Beurteilung des individuellen Pferdes oder Ponys. Ein Standardwerk, das in keiner Reiterbibliothek fehlen sollte.

Schöffmann, Britta: **So gelingt die Dressurprüfung**; Nennen, starten, gewinnen; KOSMOS 2002, 2006
In welcher Prüfung darf ich starten? Welches sind die wichtigsten Lektionen? Was wollen die Richter sehen und wie kann ich gewinnen? Dieses Buch zeigt Ihnen den Weg von der Nennung bis zur Siegerschleife.

Schöffmann, Britta: **Lektionen richtig reiten**; Übungen von A-Z mit Olympiasiegerin Isabell Werth; KOSMOS 2005
Von A wie Abwenden bis Z wie Zick-Zack-Traversale findet der Reiter in diesem Buch jede wichtige Lektion ausführlich erklärt. Er erfährt, wie die Übungen richtig geritten werden, welche Fehler man vermeiden sollte und mit welchen Hilfen die Lektionen Schritt für Schritt erarbeitet werden.

Schöffmann, Britta: **Klaus Balkenhol**; Dressurausbildung nach klassischen Grundsätzen; KOSMOS 2007
Der Autorin, selbst Balkenhol Schülerin, ist ein eindrucksvolles Buch gelungen über den persönlichen Werdegang und die steile Karriere des Ausnahmereiters, Trainers und Menschen Klaus Balkenhol. Am Beispiel seiner Erfolgspferde erfährt der Leser sein einzigartiges Trainingskonzept und erhält dazu detaillierte Anleitungen für anspruchsvolle Dressurlektionen.

Schöffmann, Britta: **Die Skala der Ausbildung**; Erfolgreich reiten nach den Richtlinien der FN; KOSMOS 2003, 2006
Mit praxisnahen Schritt-für-Schritt-Anleitungen wird das Erfolgsrezept der deutschen Reiterei in Wort und Bild grundlegend vom Takt bis zur Versammlung erklärt.

Schöffmann, Britta: **Horse-Handling**; oder Reiterglück beginnt am Boden; FN-Verlag 2006
Dieses Buch beschreibt praxisnah und mit einem Schuss Humor die Erziehung des Pferdes vom Boden aus. Die Kommunikation zwischen Mensch und Pferd sowie die Bedeutung von Vertrauen, Achtung und Konsequenz für das problemlose Miteinander werden nachvollziehbar erklärt.

Stahlecker, Fritz: **Das motivierte Dressurpferd**; KOSMOS 2000, 2008
Wer beim Ausbilden von Dressurpferden mehr Wert auf Ästhetik und Kreativität legt als auf Drill und Kraftaufwendung, findet hier den richtigen Weg. Nach der Hand-Sattel-Hand-Methode können Lerneifer und Neugier des Pferdes schon ab einem Alter von ca. zweieinhalb Jahren spielerisch und stressfrei genutzt werden.

Tellington-Jones, Linda und Lieberman, Bobbie: **Tellington-Training für Pferde**; Das große Lehr- und Praxisbuch; KOSMOS 2007
Die weltweit bekannte Autorin Linda Tellington-Jones zeigt in ihrem umfassenden Werk mit Hilfe der bekannten TTouches und der TTEAM-Arbeit den Weg zu neuer Partnerschaft, sanftem Umgang und gelungener Kommunikation.

Tellington-Jones, Linda/Taylor, Sybil: **Die Persönlichkeit Ihres Pferdes**; Die Kunst, Charakter und Temperament zu erkennen und positiv zu verändern; KOSMOS 2008
Pferde haben ihre eigene Persönlichkeit wie Menschen auch – manche sind von Natur aus eifrig, ausgeglichen oder ruhig, andere heißblütig, nervös oder scheu. Linda Tellington-Jones hat aus ihrer jahrzehntelangen Erfahrung eine einzigartige Herangehensweise entwickelt, Typ, Temperament und Charakter des eigenen Pferdes anhand von Körpermerkmalen zu erkennen.

Thiel, Ulrike Dr.: **Die Psyche des Pferdes**; Sein Wesen, seine Sinne, sein Verhalten; KOSMOS 2007
Wissenschaftlich fundiert und nach neuesten psychologischen Erkenntnissen führt Dr. Ulrike Thiel ihre Leser in die Pferdepsyche ein. Sie gibt Antworten auf typische Fragen, die sich im Umgang mit Pferden ergeben: Leiden Pferde darunter, wenn wir sie reiten? Gehen Pferde gern aufs Turnier? Warum scheuen Pferde zweimal?

www.britta-schoeffmann.de

Deutsche Reiterliche Vereinigung (FN)
Freiherr-von-Langen-Str. 13
D – 48231 Warendorf
Tel.: (+49)-(0)2581-63620
fn@fn-dokr.de
www.fn-dokr.de

Bundesfachverband für Reiten und Fahren in Österreich (BFV)
Geiselbergstr. 26 – 32/Top 512
A – 1110 Wien
Tel.: (+43)-(0)1-7499261
Fax: (+43)-(0)1-7499261-91
office@fena.at
www.fena.at

Schweizerischer Verband für Pferdesport (SVPS)
Papiermühlestr. 40 H
Postfach 726
CH – 3000 Bern 22
Tel.: (+41)-(0)31-335 43 43
Fax: (+41)-(0)31-335 43 58
info@svps-fsse.ch
www.svps-fsse.ch

Register

BILDNACHWEIS

72 Farbfotos wurden von Alois Müller für dieses Buch aufgenommen: S. 1, 4, 5, 6 o., 7 u., 19, 20, 21, 23, 24, 28 o., u., 29 li., re., 34 o., mi., u., 37, 44, 45, 46, 48, 49, 51, 56, 58, 60, 76, 89, 94, 95, 97, 99, 100, 101, 102, 103, 105 u., 107, 108, 109, 94, 95, 97, 99, 100, 101, 102, 103, 105 u., 107, 108, 109, 110, 111, 112, 113, 115, 119, 120 li., mi, re., 128, 130, 131 o., u. li., u. re., 132 li., re., 135, 148, 149, 156, 157 li., re., 159 re., li., 164, 165 li., re., 166, 167 li., re.
Weitere Farbfotos von Hugo M. Czerny (2): S. 7 mi., 53; Jan Gyllensten (1): S. 81; Nina Kleinbongartz (1): S. 78; Lothar Lenz / Kosmos (1): S. 155; Hannelore Peter (2): S.104, 105 o.; Julia Rau (2): S. 2, 10; Christof Salata / Kosmos (4): S. 26 re., 83, 84, 117; Bärbel Schnell (48): S. 2, 3 mi., u., 4 o., mi., u., 6 u., 7 o., 8 mi., u., 9 o., u., 15, 16, 17, 18, 32, 55 li., re., 63, 64, 71, 72, 86, 88, 91, 82, 98, 114, 129, 134, 142, 144, 147, 150, 152, 160, 161 li., re., 162 li., re., 163 li., re., 168, 169, 170, 171, 173; Britta Schöffmann (6): S. 38, 79, 104, 105 o., 141; Edgar Schöpal / Kosmos (2): S. 74, 76; Christiane Slawik / www.slawik.com (1): S. 93; Horst Streitferdt / Kosmos (12): S. 11 o., u., 12, 14, 18, 25, 26 li., 27, 41, 69 li., re., 174; Jacques Toffi (3): S. 8 o., 31, 139; Julia Wentscher (1): S. 137.

Mit 11 Illustrationen von Cornelia Koller.

IMPRESSUM

Umschlaggestaltung von eStudio Calamar unter Verwendung von zwei Farbfotos von Alois Müller.

Mit 155 Farbfotos und 11 Farbillustrationen.

Gedruckt auf chlorfrei gebleichtem Papier

ISBN: 978-3-440-11312-7
Redaktion: Alexandra Haungs
Produktion: Claudia Kupferer
Printed in Germany / Imprimé en Allemagne

Mein Dank geht an Doris und Karl Driehsen, Barbara Hansen, Franziska Jäger, Tanja Liepack, Christine Palmer, Inga Thielen und Bärbel Schnell, die sich netterweise mit ihren Pferden als „Models“ zur Verfügung gestellt haben.